摄影用光
核心技法

李进 编著

人民邮电出版社

北京

图书在版编目（CIP）数据

摄影用光核心技法 / 李进编著. -- 北京 ： 人民邮电出版社，2024. -- ISBN 978-7-115-64877-8

Ⅰ. TB811

中国国家版本馆 CIP 数据核字第 20240NN901 号

内 容 提 要

本书对摄影用光的相关知识进行了细致地介绍，将比较抽象的曝光理论，结合山水自然、草木花卉、城市风光、自然光人像、棚拍人像等典型拍摄题材的具体实战案例来进行讲解，让读者能够尽快理解与掌握摄影用光的核心技巧，快速提高自己的用光技法及美学素养。

本书内容由浅入深，按一页一个知识点的方式编排，让读者的学习变得更轻松、更有节奏感。本书适合广大摄影爱好者参考阅读，可以帮助他们顺利展开精彩万分的摄影创作之旅，对于想要精进拍摄技法的专业摄影师，本书也有一定的参考价值。

◆ 编　著　李　进
　　责任编辑　胡　岩
　　责任印制　周昇亮

◆ 人民邮电出版社出版发行　　北京市丰台区成寿寺路 11 号
　　邮编　100164　　电子邮件　315@ptpress.com.cn
　　网址　https://www.ptpress.com.cn
　　北京九天鸿程印刷有限责任公司印刷

◆ 开本：880×1230　1/32

　　印张：7.5　　　　　　　　　　　　　2024 年 12 月第 1 版

　　字数：231 千字　　　　　　　　　　2024 年 12 月北京第 1 次印刷

定价：59.80 元

读者服务热线：(010)81055296　　印装质量热线：(010)81055316
反盗版热线：(010)81055315
广告经营许可证：京东市监广登字 20170147 号

前言

　　摄影是一种将技术、理念与艺术灵感相融合的创作过程，如果你拥有了一部数码相机，之后还要学习摄影技术、摄影理念，寻找一定的艺术灵感。

　　掌握基本技术是学好摄影的前提，构图是摄影的基础，而用光则是提升作品艺术表现力的核心因素。本书将对摄影用光的知识进行详细讲解，并将容易被忽略的色彩艺术等融入用光的过程，进行全方位、多角度的介绍，帮助读者掌握摄影用光美学的设计和创意。

　　本书内容全面、系统，希望经过系统的学习，读者可以拿起相机走到户外，踏上精彩的摄影创作之旅。

　　读者在学习本书的过程中如果遇到疑难问题，可以与作者（微信号381153438）联系，作者会邀您加入本书读者群，与其他读者一起学习和交流。读者还可以关注微信公众号"千知摄影"（查找 shenduxingshe，然后关注即可），了解并学习一些有关摄影基础、摄影美学、数码后期和行摄采风的精彩内容。

目录

第 2 章　实用曝光技巧，完美控制画面明暗 039

第 3 章　光的属性、方向与画面效果 059

第 7 章 山水自然、草木花卉与城市风光题材的

第 8 章　自然光人像的用光技巧 155

第 1 章
掌握曝光知识，让照片的明暗合理

精确地控制曝光，让照片合适地展现所拍摄场景的明暗反差与丰富的纹理色彩，是一张照片成功的标志之一。要掌握曝光的技巧，需要掌握曝光的基本概念、影响曝光的要素、测光原理、测光模式、曝光模式等多方面的知识。

丰富、过渡自然的影调层次

　　摄影中的影调，是指画面的明暗层次。这种明暗层次的变化，是由景物之间的受光不同、景物自身的明暗与色彩变化所带来的。如果说构图是摄影成败的基础，那么影调则具有让照片是否好看的力量。

　　从下面的黑白渐变图中，我们可以看到，2 级明暗只有暗调和亮调，缺乏中间调，明暗过渡跳跃性很大；3 级明暗虽然有中间调，但中间调比较少，过渡仍然不够平滑……一直到中间调非常丰富之后，明暗的过渡才平滑、自然起来。

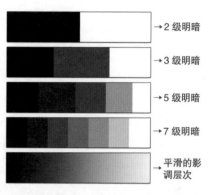

→ 2 级明暗

→ 3 级明暗

→ 5 级明暗

→ 7 级明暗

→ 平滑的影调层次

　　对于一幅成功的摄影作品来说，画面应该从纯黑到纯白都有平滑的影调过渡，这样照片整体的影调层次才能丰富起来。

曝光与曝光值

照片能否显示出丰富、细腻的影调层次，在很大程度上要依赖于对曝光的控制。

从技术角度来看，拍摄照片就是曝光的过程。曝光（Exposure）一词源于胶片摄影时代，是指拍摄环境发出或反射的光线进入相机，底片（胶片）对这些进入的光线进行感应，发生化学反应，利用新产生的化学物质记录所拍摄场景的明暗区别。到了数码摄影时代，感光元件上的感光颗粒在光线的照射下会产生电子，电子数量的多寡可以记录明暗区别（感光颗粒会有红、绿、蓝 3 种颜色，记录不同的颜色信息）。曝光程度的高低以曝光值来进行标识，曝光值的单位是 EV（Exposure Value）。1 个 EV 值对应的就是 1 倍的曝光值。

摄影领域比较重要的一个概念就是曝光，无论是照片的整体还是局部，其画面表现力在很大程度上都要受曝光的影响。拍摄某个场景后，必须经过曝光这一环节，才能看到拍摄后的效果。

如果曝光得到的照片画面与实际场景明暗基本一致，则表示曝光相对准确；如果曝光得到的照片画面远远亮于所拍摄的实际场景，则表示曝光过度；如果曝光得到的画面远远暗于实际拍摄场景，则表示曝光不足。

相机将所拍摄场景变为照片的过程，就是曝光的过程。我们所看到的任意一张照片，都是经过相机曝光得到的。

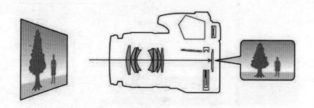

曝光三要素：光圈、快门速度与感光度

明白曝光过程的原理后，可以总结出曝光过程（曝光值）受两个因素的影响：进入相机光线的多少和感光元件产生电子的能力。影响光线多少的因素也有两个：镜头通光孔径的大小和通光时间，即光圈大小和快门速度。用流程图的形式表示出来就是光圈与快门速度影响进入相机的光量，进入相机的光量与感光度（ISO）影响拍摄时的曝光值。

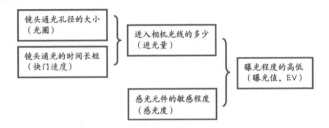

总结如下：决定曝光值大小的 3 个因素是光圈、快门速度、感光度。针对同一个画面，调整光圈、快门速度或感光度，曝光值会相应发生变化。例如，在手动曝光模式下（其他模式下曝光值是固定的，一个参数增大，另一个参数会自动减小），将光圈变为原来的 2 倍，曝光值也会变为原来的 2 倍；如果调整光圈为 2 倍的同时将快门速度变为原来的一半，则画面的曝光值就不会发生变化。对光圈、快门速度及感光度进行合理设定，才能得到曝光相对准确的照片，拍摄者可以自己进行尝试。

光圈与曝光量的关系

曝光三要素决定了曝光值，设定程序自动或是全自动等模式，只要设定一个参数，那么拍摄时的另外两个参数就会由相机自动调整。为了验证曝光三要素对曝光值的影响，可以将曝光模式设定为 M 模式，然后改变光圈、快门速度与感光度，来观察照片的亮度变化。

快门速度与感光度保持不变，先将光圈设置为 f/4.0 拍摄一张照片，再将光圈设置为 f/2.8（增大了 1 倍）拍摄一张照片，可以看到，放大光圈后的照片明显变亮。

f/4.0 拍摄的画面

f/2.8 拍摄的画面

快门速度与曝光量的关系

可以将曝光模式设定为手动模式，简称 M 模式，然后固定光圈与感光度，接下来通过改变快门速度来查看画面的变化。

1/80s 拍摄的画面

先设定 1/80s 的快门速度拍摄一张照片，再设定 1/40s（增大了 1 倍）的快门速度拍摄一张照片，可以看到，放慢快门速度后的照片明显变亮。快门速度由 1/80s 变为 1/40s 后，速度慢了 1/2，那么曝光时间就增加了 1 倍，曝光量也是要增加 1 倍的。即本页这两张照片的曝光量是差 1 倍的。

1/40s 拍摄的画面

感光度与曝光量的关系

可以将曝光模式设定为 M 模式，然后固定快门速度与光圈，接下来通过改变感光度来查看画面的变化。

首先设定 ISO 1600 的感光度拍摄一张照片，然后设定 ISO 6400（增大了 3 倍）的感光度拍摄一张照片，可以看到，增大感光度后的照片明显变亮。使用 ISO 6400 拍摄的画面要比 ISO 1600 拍摄的画面亮 3 倍。

此外，要注意，以 ISO 6400 的感光度拍摄，照片中的噪点也会增加。

ISO 1600 拍摄的画面

ISO 6400 拍摄的画面

曝光与测光的关系

通常来说，曝光值偏高的照片，影调层次会整体偏亮，有一种明媚、干净的基调；曝光偏低的照片画面会呈现出晦暗、压抑的基调。曝光值相对准确，但反差较小的照片，影调层次模糊，让人感觉画面柔和；反差较大的照片，则更容易给人一种干脆利落、情感分明的心理暗示，有时还可以让人感受到一种力量感。

曝光值的高低，取决于测光技术的运用，照片反差的控制，从技术角度来看，取决于不同测光模式的选择。

对明亮的花朵测光，确保这部分明暗准确；相机会认为场景都如明亮的花朵般明亮，于是会降低曝光值，这就导致原本亮度较低的背景更暗，这是测光模式的一种运用。

改变测光方式，对画面的整体各个部分进行平均曝光，可以让画面各部分的曝光都相对准确。

18%中性灰与测光的关系

相机内置测光系统和测光表的测量依据是"以反射率为 18% 的亮度为基准的"。

光线照射到物体上后一部分光线被反射回来，被反射回来的光线亮度与入射光线亮度之比称为反射率。反射率高，是指物体对光线吸收少、亮度高，如白雪的反射率约为 98%；反射率低是指物体对光线的吸收少、亮度低，如碳的反射率约为 2%。

在实际照片中，有的景物反射率比较高，有的比较低，18% 是我们平日所能见到的物体的反射率的平均数值。

拍摄时可以用 18% 灰度的灰卡作为测光依据。具体使用时，将 18% 反射率的灰卡放入环境，与环境受光条件保持一致，拍摄时直接对灰卡测光，就能得到整个环境曝光准确的效果。

点测光的原理与用法

　　点测光是一种非常准确的测光方式，是指针对拍摄画面中心极小甚至为点的区域进行测光，区域面积占画面幅面的 1% ～ 3%（该数据根据相机机型的不同而有所差别，具体数据请参看相应机型的使用说明书），在这一区域内的测光和曝光数值是非常准确的。当采用点测光模式进行测光时，如果测画面中的亮点，则部分区域会曝光不足；如果测暗点，则会出现部分区域曝光过度的情况。因此，使用点测光模式进行测光时，测光点的选择一定要准确。当然，一条比较简单的规律就是对画面中要表达的重点或主体进行测光。例如，在光线均匀的室内拍摄人物，许多摄影师就会使用点测光模式对人物的重点部位，如眼睛、面部或具有特点的衣服、肢体进行测光，以达到形成欣赏者的视觉中心并突出主题的效果。点测光方式在新闻、人像、微距及风景等题材中都有很好的使用效果。

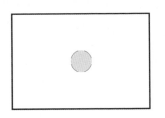

　　右图和下图所示为点测光示意图，以及用点测光拍摄的照片（对人物面部测光）。

　　提示：点测光是一种比较高级的测光方式，对于初学者来说可能比较难，适合有一定基础的摄影师或资深单反用户。

中央重点测光的原理与用法

　　中央重点平均测光是一种传统测光方式，在早期的旁轴取景胶片相机上就有应用，使用这种模式测光时，相机会把测光重点放在画面中央，同时兼顾画面的边缘。准确地说，即负责测光的感光元器件会将相机的整体测光值分开，中央部分的测光数据占据绝大部分比例，而画面中央以外的测光数据作为小部分比例，起到辅助作用。

　　中央重点平均测光的适用范围如下：一些传统的摄影师更偏好使用这种测光模式，在创作街头抓拍等纪实题材的作品时，这种测光模式通常有助于他们根据画面中心主体的亮度决定曝光值，得到他们心中理想的曝光效果。

　　下图所示为中央重点测光的示意图，以及用中央重点测光拍摄的照片（对花朵部分测光）。

局部测光的原理与用法

　　局部测光是佳能相机特有的模式，专门针对测光点附近较小的区域进行测光。这种测光模式类似于扩大化了的点测光，可以保证人脸等重点部位得到合适的亮度表现。需要注意的是，局部测光重点区域在中心对焦点上，因此，拍摄时一定要将主体放在中心对焦点上对焦拍摄，以避免测光失误。

　　下图所示分别为局部测光的示意图，以及用局部测光拍摄的照片（对人物测光）。

评价测光的原理与用法

评价测光（在尼康相机中称为矩阵测光）是对整个画面进行测光，相机会将取景画面分割为若干个测光区域，把画面内所有的反射光都混合起来进行计算，每个区域经过各自独立测光后，所得的曝光值在相机内进行平均处理，得出一个总的平均值，这样即可达到整个画面正确曝光的目的。可见评价测光是对画面整体光影效果的一种测量，对各种环境具有很强的适应性，因此，用这种方式在大部分环境中都能得到曝光比较准确的照片。

评价测光模式对于大多数主体和场景都是适用的，是现在大众最常使用的测光方式。在实际拍摄中，评价测光可以使画面整体色彩真实、准确地还原，因此，广泛运用于风光、人像、静物等摄影题材。

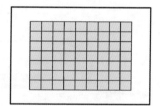

右图和下图分别为评价测光的示意图，以及用评价测光拍摄的照片（测画面整体）。

曝光补偿

曝光补偿是指拍摄时在相机给出的曝光基础上，人为增加或降低一定量的曝光值。几乎所有相机的曝光补偿范围都是一样的，可以在 –2~+2EV 内增加或减少，但在变化时并不是连续的，而是以 1/2EV 或者 1/3EV 为间隔跳跃式变化的。早期的老式数码相机通常以 1/2EV 为间隔，于是有 –2.0、–1.5、–1、–0.5 和 +0.5、+1、+1.5、+2 共 8 个挡。目前主流的数码相机分挡更细一些，是以 1/3EV 为间隔的，有 –2.0、–1.7、–1.3、–1.0、–0.7、–0.3 和 +0.3、+0.7、+1.0、+1.3、+1.7、+2.0 等级别的补偿值。

目前的专业相机已经出现了 –5~+5EV 甚至更高的曝光补偿范围（曝光补偿每变化 1EV，表示曝光量也变化 1 倍）。

提示：摄影师调整数值时，相机内部是通过改变相应的曝光参数来实现补偿的。例如，在光圈优先模式下，增加 1EV 曝光补偿，事实上相机会自动将曝光时间延长 1 倍，这样就在测光确定的基础上增加了 1 挡曝光值。

标准曝光值，无补偿

曝光补偿 -1EV

曝光补偿 +1EV

锁定曝光，确保主体不会发生明暗变化

在拍摄一些包含人物的场景时，首先对主体人物进行对焦和测光，确定了画面的清晰度和明暗状态。之后可能会移动取景界面，改变主体在画面中的位置，以得到更合理的构图。这时就有一个问题：画面的测光是随时在进行的，那么改变取景画面之后，曝光值会发生变化，这可能不是我们想要的。因此，正确的做法是前期测光完成之后，先锁定曝光值，确保明暗不会发生变化，然后移动视角，重新取景构图，完成拍摄。

例如，拍摄下图中的人物时，首先对人物对焦和测光，得到了合理的清晰度及明暗；此时不锁定曝光，直接移动视角重新构图，此时画面的明暗分布已经发生了变化，得到的画面是偏暗的。因此，在第一次对焦及测光完成之后，应该锁定曝光值，然后移动视角重新取景构图，最终才能得到明暗比较合理的画面。

不对第一次测光的结果进行锁定拍摄

锁定第一次测光的结果进行拍摄

光圈优先模式的原理与用法

光圈优先模式是一种照片曝光由手动和自动控制相结合的"半自动"模式，这一模式下光圈由拍摄者设定（光圈优先），相机根据拍摄者选定的光圈结合拍摄环境的光线情况设置与光圈配合，达到正常曝光的快门速度。

光圈优先模式体现的是光圈的功能优势。光圈的基本功能是和快门组合曝光，其还有一个重要功能就是控制景深。选择了光圈优先模式，也可以说是选择了"景深优先"模式，需要准确控制景深效果的拍摄者往往选择光圈优先模式。

下图所示分别为开大光圈前后拍摄的照片。可以看到开大光圈后，拍摄的照片的虚化效果更强。

快门优先模式的原理与用法

　　快门优先模式也是一种照片曝光由手动和自动控制相结合的"半自动"模式。与光圈优先模式相对应，快门优先模式下快门由拍摄者设定（快门优先），相机根据拍摄者选定的快门结合拍摄环境的光线情况设置与快门配合，达到正常曝光的光圈。不同的快门速度拍摄运动的物体会获得不同的效果，高速快门可以使运动的物体呈现凝结效果，慢速快门可以使运动的物体呈现不同程度的虚化效果，手持拍摄时快门速度的选择也是保证成像清晰或运动物体清楚关键因素。

　　下图所示分别为用较快的快门速度拍摄的照片，以及继续放慢快门拍摄的照片。可以看到，继续放慢快门速度后拍摄的照片中，溪流出现了明显的动感模糊效果。

程序自动模式的原理与用法

程序自动模式简称 P 模式。P 模式是相机将若干组曝光程序（光圈快门不同的组合）预设于相机内，相机根据拍摄场景的光线情况自动选择相应的组合进行曝光。通常，在 P 模式下还有一个"柔性程序"，也称程序偏移，即在相机给定曝光相应的光圈和快门时，在曝光值不改变的情况下，拍摄者还可以选择另外组合的光圈快门，可以侧重选择高速快门或大光圈。

程序自动模式的自动功能仅限于光圈、快门的调节，有关相机功能的其他设置都可由拍摄者决定，如感光度、白平衡、测光模式等。P 模式是一个自动与手动相结合的模式：曝光自动化，其他功能手动操作，既便利又能给予拍摄者一定的自由发挥空间，摄影初学者可从此模式入手了解相机的曝光原理和相机的设定功能。

P 模式的光圈和快门速度是由相机根据机内预设的程序自动决定的，其算法遵循相应的拍摄规律。相机厂商结合大量优秀摄影作品和专业摄影师的拍摄经验，综合汇总后分析其内在的规律，并以此为依据设计出程序曲线，控制相机光圈值与快门速度的曝光组合。

P 模式适合用于拍摄旅行中的一般留影、快速捕捉精彩瞬间，以及光线复杂曝光控制难度较大的场景等。

手动模式的原理与用法

手动模式（M 模式），除自动对焦外，光圈、快门速度、感光度等与曝光相关的所有设定都必须由拍摄者事先完成。对于拍摄诸如落日一类的高反差场景，以及要体现个人思维意识的创作性题材照片时，建议使用手动曝光，这样可以依照自己要表达的立意，任意改变光圈和快门速度，创造出不同风格的影像。在 M 模式下曝光正确与否是需要自己来判断的，在使用时必须半按快门释放钮，这样就可以在机顶液晶上或观景窗内看到内置测光表所提示的曝光数值。

测光后，内置测光表下的滑块会指示当前的曝光设定是否有问题，例如，当前显示的曝光偏高了 1EV，但这只是一个参考。

在室内稳定光线的场景下，可以固定好拍摄参数，那么同样光线下就不必再考虑测光问题，后续所有照片都会曝光准确。

另外，在拍一些没有月光的星空等场景时，使用 M 模式也更容易获得符合预期的画面效果。

全自动模式的原理与用法

　　AUTO 模式即全自动模式。设定全自动模式后，相机会变得类似于之前人们使用的傻瓜相机，拍摄者只要对准拍摄对象，稳定住相机，按下快门，即可以拍摄到准确、清晰的照片。

　　使用全自动模式时，除非是极端环境，否则相机绝不会犯错，总能够拍摄出合理的照片。

　　提示： 使用全自动模式时有一种情况比较特殊，在室内或夜晚光线较暗的情景下拍摄照片时，相机一般不会根据光圈的条件而设定很长的曝光时间，而是自动弹起内置闪光灯对拍摄场景进行补光。没有内置闪光灯的相机则不存在这个问题。

B门长曝光的原理与用法

　　B门专门用于长时间曝光——按下快门按钮，快门开启；松开快门按钮，快门关闭。这意味着曝光时间长短完全由摄影师来控制。在使用B模式拍摄时，最好使用快门线来控制快门释放，这样不仅可以避免与相机直接接触造成照片模糊，而且增加拍摄的方便性，曝光时间可以长达几小时（长时间曝光前，要确认相机的电池电量是否充足）。

　　B门的特点如下：由拍摄者自行设定光圈值，并操控快门的开启与关闭；光圈由拍摄者主动设定；快门速度由摄影师根据场景和题材控制曝光时间。

　　B门的适用场景为超过30秒的长时间曝光。B门专门用于长时间曝光。相机设定B门后，拍摄者按下快门按钮，快门开启；松开快门按钮，快门关闭。曝光时间的长短，完全由摄影师来控制。在使用B模式拍摄时，最方便的是使用快门线来控制快门的释放和关闭，这样不仅可以避免与相机直接接触造成照片模糊，还可以通过锁定快门按钮，来增加控制的方便性。

　　M模式的最长曝光时间是30秒，而对于B门来说，曝光时间可长达数小时。因此，在拍摄夜空时，M模式只能拍摄到繁星点点，而B门模式可以拍摄出斗转星移的线条感。

　　如右图所示的案例，在夜晚没有月光的环境拍摄星空，如果要得到最细腻的星空画质，那么可以使用赤道仪追踪天空拍摄，进行长达数分钟的曝光。如此长的曝光时间，就需要在B门下进行（当然，这张照片是先追踪天空曝光，后单独拍摄地景，最后进行合成得到的效果。因为使用赤道仪追踪天空拍摄时，地景会是模糊的，所以，需要单独在同一视角不使用赤道仪拍摄一张地景照片）。

场景自动模式的原理与用法

1. 人像模式

拍摄人物时，为了突出拍摄对象，往往采用大光圈的方式来获得浅的景深，使背景模糊，突出人物。另外，人像模式程序中的人物曝光设定也对相机测光得到的曝光结果进行了智能化的补偿调整，使人物的肤色看起来更加白皙、自然。当拍摄光线不足时，相机会自动弹出闪光灯对人像补光，使人物获得充足的照明。

2. 风景模式

拍摄户外风景时，总是希望看到的景物都清晰地呈现在眼前，风景模式正是根据这样的需要而产生的。在风景模式下，相机会相应的设置小光圈，获得大景深，使景物的前后都清晰。

在风景模式下，当光线不足时，机顶的闪光灯也不会自动弹起。机顶闪光灯功率较小，通常的照射距离只有 3~4m 远，无法为远距离的景物补光。当光线不足时，风景模式下快门速度会变慢，这时应当使用三脚架以保证照片的清晰度。

提示：类似于人像与风光这种场景模式还有很多，常见的有运动、微距、花卉、夜景模式等。

3. SCEN 模式

由于实拍中会面对美食、沙滩、日出日落、人像、风光等非常多的场景，而相机又不可能在模式拨盘上标记出如此多的场景模式，所以，很多厂商将风光、人像、美食、日出日落、微距、沙滩等这些场景模式集成到了 SCEN 模式中（不同品牌相机的叫法可能会有差别）。选择 SCEN 模式后，在液晶屏上可以选择不同的具体场景模式。

进入 SCEN 场景模式后，可以再次选择具体的不同场景。

手动编辑模式的原理与用法

　　手动编辑模式是一种比较通俗的叫法，在某些相机的拨盘上会有 C1、C2 等特殊标记。切换到这些模式后，可以发现一般默认情况下是一种程序自动模式。实际上，这是一些自定义模式，可以由摄影师自行编辑。例如，拍摄雪景时，往往需要稍高的曝光值、较大的景深、较低的感光度，这时就可以在光圈优先模式下，设定光圈为 f/11、感光度为 ISO 100、曝光补偿增加 0.7EV 的参数组合，然后在菜单中将这种组合设定为 C1 自定义模式，那么以后我们再拍摄雪景时，就不必再调参数了，直接转到 C1 模式下就可以调用之前设定的参数。

　　在白天拍摄溪流时，往往需要特别小的光圈、最低的感光度，用以延长快门时间，那么可以将某次的设定保存下来，保存为 C1、C2 或 C3 等自定义模式。再次拍摄时，直接调用就可以了。

第 2 章
实用曝光技巧，完美控制画面明暗

本章将介绍大量摄影实拍中的曝光技巧，以更好地控制画面的明暗影调层次，从而提升画面的表现力。

向右曝光，提升照片画质

所谓向右曝光，是指在确保高光不会过曝的前提下，尽量提高曝光值。这样可以确保弱光部位有充足曝光，还可以减少暗部提亮后产生的大量噪点，从而提高照片画质。

佳能，向右曝光

在实际应用中，特别是后期技术越来越发达，向右曝光并不能适应各种相机品牌。一般来说，佳能、索尼与尼康这三大相机品牌中，佳能相机对于高光区域细节的还原能力更胜一筹。从这个角度来说，如果你是佳能用户，那么可以考虑使用向右曝光，适当提高一下曝光值，让暗部呈现更多细节，对于稍稍曝光过度的亮部，可以通过后期降低高光值来追回细节和层次。

尼康与索尼，向左曝光

　　佳能、索尼与尼康这三大品牌中，索尼与尼康相机对于暗部细节的还原能力更好一些。如果出现了高光曝光过度的问题，即便后期调整，也很难追回高光的细节。

　　所以，对于索尼与尼康相机用户来说，为了避免标准曝光下高光区域溢出，往往需要向左曝光（适当降低曝光补偿），暗部则可以后期提亮，从而得到画面整体都比较理想的效果。

白加黑减，得到更准确的曝光

信息技术发展到今天，在很多方面已经超过了人脑，其精确、快速的处理能力无与伦比，但在其本质上，却显得很笨，相机的测光即是如此。之前介绍过相机以 18% 的中性灰为测光基础，18% 中性灰的反射率也是一般环境的反射率。当遇到高亮场景，如雪地等反射率超过 90% 的环境时，相机会认为所测的环境亮度过高，自动降低一定的曝光补偿，这样就会造成所拍摄的画面亮度降低而呈现灰色；反之，当遇到较暗的环境，如黑夜等反射率不足 10% 的环境时，相机会认为环境亮度过低而自动提高一定的曝光补偿，也会使拍摄的画面泛灰色。

由此可见，拍摄者需要对这两种情况进行纠正，实际来看"白加黑减"就是纠正相机测光时犯下的错误，也就是说，在拍摄亮度较高的场景时，应该适当增加一定的曝光补偿值；拍摄亮度较低甚至黑色的场景时，要适当降低一定的曝光补偿值。

拍摄雪景时，照片要向 18% 的反射率靠近，如果不进行设定，那么照片因为压暗反射率而泛灰偏暗，根据"白减"的规律，应手动增加曝光补偿值，还原雪景的亮度。拍摄深色对象或在夜晚拍摄时，根据"黑减"的规律，应减少曝光补偿，以让画面足够暗。

相机的宽容度与动态范围

相机的宽容度是指底片（胶片或感光器件）对光线明暗反差的宽容程度。当相机既能让明亮的光线曝光正确，又能让暗的光线也曝光正确时，就称这个相机对光线的宽容度大。

反差非常大的场景，如果我们拍摄的照片让暗部显示出清晰的细节，但可能无法同时也让亮部曝光准确，显示足够细节；反之亦然。例如，曝光过度的照片，原本场景的暗部足够明亮，但亮部却变为死白一片，如果相机的宽容度足够大，就既能"包容"较暗的光线，也能"包容"较亮的光线，让暗部和亮部都有足够细节。

动态范围是指相机对于从最亮到最暗这个范围内细节的呈现能力。

例如，当逆光拍摄太阳时，如果相机能够将太阳周边最亮的部分还原出足够细节，也能将地面背光的部分还原出足够多的细节，那么就可以认为相机的宽容度是足够高的（当然，这是不可能）。相机对于太阳周边与背光阴影这个亮度范围内的景物的细节再现能力，就是动态范围，如果出现了大量的影调与色彩断层，则表示动态范围不足，画质不够平滑细腻。

HDR曝光拍摄的原理

　　HDR（High Dynamic Range）拍摄模式是指通过数码处理补偿明暗反差，拍摄具有高动态范围的照片表现方法。相机可以拍摄曝光不足、标准曝光和曝光过度的 3 张照片，然后在相机内合成，得到没有高光溢出和暗部缺失的照片。选择 HDR 模式可以将动态范围设为自动、±1EV、±2EV 或 ±3EV 等。

　　拍摄静态场景时，如果现场光线很强，明暗反差很大，可以使用HDR 功能拍摄，这样相机会在内部拍摄一张曝光不足、一张标准曝光和一张曝光过度的照片，进行合成后输出，从而获得明暗细节都比较完整的高动态画面。

自动亮度优化与动态D-Lighting

相机的宽容度一般要弱于人眼的宽容度，因此，在拍摄高反差场景时会有一些困难，无法同时让暗部和亮部都呈现出足够多的细节。但事实上，通过一些特定的技术手段，也可以让拍摄的照片曝光比较理想。

佳能数码单反相机特有的自动亮度优化功能专为拍摄光比比较大、反差强烈的场景所设，目的是让画面中完全暗掉的阴影部分都能保有细节和层次，在与评价测光结合使用时，效果尤为显著（尼康的对应功能为动态D-Lighting）。

当光线非常强烈，明暗对比非常强时，设定自动亮度优化功能，可以尽可能让背光的阴影部分呈现出更多细节。

提示： 在拍摄反差大的场景时，设定该功能可以显示更多的影调层次，不至于让暗部曝光不足。但在一般的亮度均匀的场景，要及时关闭该功能，否则拍摄出的照片将是灰蒙蒙的。

高光色调优先的原理与应用

高光色调优先是相机测光时，将以高光部分为优化基准，用于防止高光溢出，启动后，相机的感光度会限定在 ISO 200 以上。高光色调优先对于一些白色占主导的题材很有用，如白色的婚纱、白色的物体、天空的云层等。

下图所示的照片画面中天空的亮度非常高，如果要让这部分曝光准确且尽量保留更多细节，场景中的其他区域势必就会曝光不足而变得非常暗，这时开启高光色调优先功能，即可解决这一问题。

提示：自动亮度优化是指成像处理时，相机可根据场景特点，自动优化所拍摄的照片自动的亮度和反差调整，最终获得影调层次比较理想的照片。

多重曝光的加法模式

其实多重曝光并不复杂，有胶片摄影基础的用户更会觉得简单，但由于佳能在 2011 年及之前的机型中都没有内置这种功能，所以，佳能相机的用户会觉得比较新鲜。从 5D Mark III 开始，之后佳能的中高档机型均搭载了多重曝光功能，多重曝光次数为 2~9 次，有多种照片重合方式可选，如"加法""平均"等。之后佳能的中高档机型均继承了这一功能，只是有些机型进行了一定程度的简化，操作时也非常简单（尼康相机的功能设定也相似）。

下图以佳能相机为例，显示了设定多重曝光的方法。

"加法"模式是像胶片相机一样，简单地将多张照片重合，由于不进行曝光控制，所以合成后的照片比合成前的照片明亮。

多重曝光的柔光模式

　　进行多重曝光时，可以通过改变焦点位置的方式得到柔焦的效果。我们还可以对拍摄后的照片进行多重曝光。此外，利用实时显示拍摄，可先确认照片的重合效果，再进行拍摄。

多重曝光的平均模式

　　"平均"模式可以在进行合成时控制照片的亮度，针对多重曝光拍摄的张数自动进行负曝光补偿，将合成的照片调整为合适的曝光。

　　例如，拍摄时可将背景与人物进行多重曝光，从而得到一张全新的合成照片。

多重曝光的黑暗与明亮模式

"明亮"和"黑暗"是将基础照片与准备与基础照片进行合成的照片比较后，只合成明亮（较暗）部分，适合在想要强调拍摄对象轮廓的照片合成时使用。

例如，拍摄剪影画面时，可借助"黑暗"这种多重曝光模式，叠加出较暗的主体部分。

提示：多重曝光拍摄时能够选择边确认重叠照片边拍摄的"仅限 1 张"和"连续"两种模式。无论哪个模式，都能选择"加法""平均"等合成方式。在体育摄影等时用连续多重曝光模式中的"连续"捕捉快速运动的拍摄对象后，拍摄对象的运动轨迹被连续拍下，能够拍出充满动感的照片。因为多重曝光次数最多为 9 次，不会像普通连拍一样拍出多张照片，而是仅在一张照片中拍出连续运动的拍摄对象，所以，容易表现细微动作的变化。此功能主要适用于体育竞技摄影，在想要确认拍摄对象细微动作的学术、商业拍摄中也很有效。

曝光与直方图的关系

　　直方图又称色阶分布图，是显示照片的色调分布的柱状信息图表。色阶是指亮度，与颜色无关，但最亮的只有白色，最暗的只有黑色。色阶分布图的横坐标——"X"轴对应的是像素亮度图（在标准尺度 0~255 范围内），最左边为暗部（纯黑），最右边为亮部（纯白），中间为相对应的灰色区域。纵坐标——"Y"轴表示照片中每种色调亮度的像素数目。柱状图越高，表示具有该特定色调的像素越多。色阶分布图是判断影像曝光的有效参考，照片的亮暗部层次通过色阶分布图判断得更加仔细。

　　需要注意的是，色阶分布图的样式千差万别，但是对于我们而言，亮暗部的形状至关重要，通常情况下，色阶分布图的左右（暗亮）部分没有堆积大量的像素，说明这是一张从亮到暗（从白到黑）影调全面的照片，也是一张曝光正常的照片。

　　拍摄照片后，回看照片，如果以详细信息显示，就可以看到直方图。在后期处理软件中，打开照片后也可以看到直方图，这与回看时看到的直方图波形基本一致。

曝光正常，画面亮度适中

在查看液晶显示屏时，色阶分布图能更加准确地反映曝光情况。

曝光正常的照片，其色阶分布图中的像素从亮部到暗部都有分布，但并没有损失亮部和暗部层次，景物的亮暗细节都被记录下来，是一幅色调均匀、层次清晰的作品。如下图所示，从色阶分布图中，左右（暗亮）部分没有过多堆积的像素，这张照片整体层次清晰。

曝光不足，暗部损失较多细节和层次

　　下图所示的色阶分布图中，波形偏左，这表示暗部像素较多，亮部几乎没有像素，这是曝光不足的直观表现。实际的照片画面，整体非常暗。

　　由于曝光不足，画面整体影调较低沉，暗部层次已经看不清楚。

　　需要注意的是，这种直方图也可能对应的是一种特意为之的情况，即低调照片，如下图所示。

曝光过度，亮部损失较多细节和层次

曝光过度的照片的色阶分布图亮部（最右端）可能会出现"色调溢出"现象，暗部像素较少，甚至没有。照片中亮部呈现没有层次的白色，灰部也较亮，暗部呈现较亮的颜色。从下面的色阶分布图可以看出照片亮部像素堆积，出现了"色调溢出"现象，暗部几乎没有任何像素。

需要注意的是，这种直方图也可能对应的是一种比较特殊的情况，即高调照片，如下图所示。

反差过大，亮部和暗部都有溢出

　　从下方的色阶分布图来看，暗部和亮部像素都已超出色阶分布最暗和最亮的区域，这张照片的这两个区域都出现了"色调溢出"现象。如下图所示，此时相机的动态范围已经无法记录具有如此明暗反差的照片，反差已经超出了相机记录的范围。

反差过小，缺乏高光和暗部细节

观察下方的色阶分布图，可以发现横坐标的中间部位的像素较多，这代表像素大多集中在了灰色区域；左侧的暗部与右侧的高亮区域几乎没有任何像素，这说明照片画面缺乏暗部与亮部细节，画面反差过小，缺乏通透感。这也是一种曝光不准确的表现。

第 3 章
光的属性、方向与画面效果

认识光线，对摄影来说是非常重要的。认识光线，把握好光线的属性、方向和所实现的画面效果，是摄影爱好者必须掌握的知识。

光比的衡量与硬调光（不同光比）的画面特点

光线投射到景物上，亮部与暗部的比值，就是光比。这样讲比较抽象，不易理解，可以用反差来替代光比，这样就更容易理解了。

我们总会听到一些摄影师说光比是多大。如果景物表面没有明暗的差别，那么光比就是 1：1，如果景物受光面与背光面反差很大，那么光比可能是 1：2、1：4 等。可以使用专业的测光表测量光比，但对于大多数业余爱好者来说，还是有些麻烦。

可以用一种更简单的方法来确定光比。用点测光测背光面，确定一个曝光值，再测受光面的曝光值，如果两者相差 1EV 的曝光值，那么光比就是 1：2（因为 1EV 就表示曝光值差 1 倍）；如果两者相差 2EV 的曝光值，那么光比就是 1：4；以此类推。虽然看不到明确的曝光值，但可以在确定了光圈与感光度的前提下，快门速度每变化 1 倍，就表示曝光值变化了 1 倍，这样就可以用来衡量光比了。

光比对于我们拍摄的最大意义是让我们知道场景的明暗反差到底是大还是小。反差大，则画面视觉张力强；反差小，则画面柔和恬静。

在摄影领域，大光比即高反差，通常被称为硬调光场景，拍摄的照片自然是硬调的；反之则是软调的。高反差画面会让人感觉刚强有力，低反差画面可以表现出柔和、恬静的视觉感受。风光摄影、产品摄影中高反差画面的质感往往会给人坚硬的感觉，低反差画面的质感要柔和一些，并且能够表现出各处的详细细节。

提示： 人像摄影中，大光比能很好地表现人物的性格。

直射光的画面效果与情感

直射光是一种比较明显的光源，照射到拍摄对象上时会使其产生受光面和阴影部分，并且这两部分的明暗反差比较强烈。直射光有利于表现景物的立体感，勾画景物形状、轮廓、体积等，并且能够使画面产生明显的影调层次。

严格来说，光线照射到拍摄对象上时，会产生 3 个区域：强光、一般亮度和阴影。

（1）强光区域是指拍摄对象直接受光的部位，这部分一般只占拍摄对象表面极少的一部分，在强光区域，由于受到光线直接照射，亮度非常高，因此一般情况下肉眼可能无法很好地分辨物体表面的照片纹理及色彩表现，但是由于亮度极高，因此这部分也最容易吸引观者注意力。

（2）一般亮度区域是指介于强光部位和阴影之间的部位，这部分的亮度正常、色彩和细节的表现比较正常，可以让观者清晰地看到这些内容，该区域也是一张照片中呈现信息最多的部分。

（3）阴影区域用于掩饰场景中影响构图的一些元素，从而使画面整体显得简洁流畅。

散射光的画面效果与情感

　　散射光又称漫射光、软光，是指没有明显光源，光线没有特定方向的光线。散射光线在拍摄对象上任何一个部位所产生的亮度和感觉几乎都是相同的，即使有差异，也不会很大，这样拍摄对象的各个部分在所拍摄的照片中表现出来的色彩、材质和纹理等也几乎都是一样的。

　　在散射光下进行摄影，曝光是非常容易控制的，因为在散射光下没有强烈的高光亮部与弱光暗部，很容易把拍摄对象的各个部分都表现出来，而且表现得非常完整。但也有一个问题，因为画面各部分亮度比较均匀，不会有明暗反差的存在，画面影调层次欠佳，这会影响画面的视觉效果，所以只能通过景物自身的明暗、色彩来表现画面层次。

反射光的画面效果与使用技巧

反射光是指光线并非由光源直接发出照射到景物上，而是利用道具将光线进行一次反射，然后照射到拍摄对象上。用于反射光线的道具大都经过特殊工艺处理过的反光板，这样可以使反射后的光线获得散射光的照射效果，也就是将光线柔化了。通常情况下，反射光要弱于直射光，但强于自然的散射光，这样可以使拍摄对象获得的受光面比较柔和。反射光最常见于自然光线下的人像摄影，使主体人物背对光源，然后使用反光板反光，对人物面部补光。另外，在拍摄一些商品或静物时也经常使用到反射光。

绝大多数人像类题材中，人物正面需要进行补光，借助反光板或闪光灯对人物正面补光，可以让画面的重点区域更有表现力。

顺光的画面特点

对于顺光来说,其摄影操作比较简单,也比较容易拍摄成功,因为光线顺着镜头的方向照向拍摄对象,拍摄对象的受光面会成为所拍摄照片的内容,阴影部分一般会被遮挡住,这样因为阴影与受光面的亮度反差带来的拍摄难度就大大降低了。在这种情况下,拍摄的曝光过程就比较容易控制,顺光所拍摄的照片中,拍摄对象表面的色彩和纹理都会呈现出来,但是不够生动。如果光照射强度很高,景物色彩和表面纹理还会损失细节。顺光在拍摄记录照片及证件照时使用得较多。

有时,虽然并不是严格意义上的顺光拍摄,但因为景物距离比较远,影子非常短,可以将场景近似看成顺光环境,那么可以看到,整个场景的色彩和细节都比较完整。

侧光的画面特点

　　侧光是指来自拍摄对象左右两侧，与镜头朝向呈 90° 左右夹角的光线，这样景物的投影落在侧面，景物的明暗影调各占一半，影子修长而富有表现力，表面结构十分明显，每个细小的隆起处都产生明显的影子。采用侧光摄影，能比较突出地表现拍摄对象的立体感、表面质感和空间纵深感，可得到较强烈的造型效果。侧光在拍摄林木、雕像、建筑物表面、水纹、沙漠等各种表面不平整、结构粗糙的物体时，能够获得影调层次非常丰富的画面，空间效果强烈。

　　用侧光拍摄人物，有利于营造一些特殊的情绪和氛围。

斜射光的画面特点

　　斜射光又分为前侧斜射光（斜顺光）和后侧斜射光（斜逆光）。斜射光是摄影中的主要用光方式，因为斜射光不仅适合表现拍摄对象的轮廓，还能通过拍摄对象呈现出来的阴影部分增加画面的明暗层次，这可以使画面更具立体感。拍摄风光照片时，无论是大自然的花草树木，还是建筑物，由于拍摄对象的轮廓线之外就会有阴影的存在，因此会给予观者以立体的感受。

逆光的画面特点

　　逆光与顺光是完全相反的，是指光源位于拍摄对象的后方，照射方向正对相机镜头。逆光下的环境明暗反差与顺光完全相反，受光部位也就是亮部位于拍摄对象的后方，镜头无法拍摄到，镜头所拍摄的画面是拍摄对象背光的阴影部分，亮度较低。镜头只能捕捉到拍摄对象的阴影部分，主体之外的背景部分因为光线的照射而成为亮部。这样造成的后果就是画面反差很大，因此，在逆光下很难拍到主体和背景都曝光准确的照片。利用逆光的这种性质，可以拍摄剪影的效果，极具感召力和视觉冲击力。

　　逆光拍摄，可以让主体正面因曝光不足而形成剪影。一般剪影的画面会有一种深沉、大气或神秘的感觉。逆光容易勾勒出主体的外观线条轮廓。当然，得到的剪影不一定是非常彻底的"死黑"，也可以如下图所示的照片这样让主体有一定的细节显示出来，这样画面的细节和层次都会更加丰富漂亮。

顶光的画面特点

　　顶光是指来自拍摄主体顶部的光线，与镜头朝向成 90° 左右的角度。晴朗天气里正午的太阳是最常见的顶光光源，另外，通过人工布光也可以获得顶光光源。正常情况下，顶光不适合拍摄人像照片，因为拍摄时人物的头顶、前额、鼻头很亮，而下眼睑、颧骨下面、鼻子下面完全处于阴影之中，这会得到一种反常奇特的形态。因此，一般都避免使用这种光线拍摄人物。

　　顶光拍摄人物，人物的眼睛、鼻子下方会出现明显的阴影，这会丑化人物，营造出一种非常恐怖的气息，让人物戴上一顶帽子，可以解决这个问题，营造出一种优美的画面意境。

底光的画面特点及常见场景

底光大多用于对城市的一些广场建筑物打光，从下方投射的光线大多是作为修饰光而出现的，并且对于单个的景物自身有一定的塑形作用。

两道明显的底光向上照射，让建筑物出现了较好的影调层次和轮廓感，显得比较立体。

第 4 章

在不同时段的
自然光下创作
的用光技巧

　　一天之中，早晨、中午、晚上、半夜等不同时段的光线是不同的，进行摄影创作的用光技巧也有差别，并且在不同时段拍摄出的画面色调也会有较大的差别。本章将介绍一天中不同时段摄影创作的用光技巧。

夜晚无光的环境怎样拍摄

在夜晚无光的场景中，没有月光的照射，任何拍摄场景都非常黯淡，特别是在城市郊外或者山区。在这种场景中，适合拍摄的题材主要是天空的天体及星轨。所谓天体，主要包括银河、北斗七星及具体的星座等，近年来比较流行的夜晚无光的拍摄题材主要是银河。

拍摄银河时需要对相机进行一些特殊的设定，并且对相机自身的性能也有一定的要求，如要求高感光度、大光圈、长曝光拍摄，一般曝光时间不宜超过 30 秒，镜头大多使用广角、大光圈的定焦或变焦镜头，感光度通常设定在 ISO 3000 以上，这样能够将银河的纹理拍得比较清晰，并且让地景有一定的光感，呈现出足够多的细节。这种将夜空的银河拍摄清楚的照片能够让观者体会到自然的壮阔和星空之美。要想表现出天空的银河，距离城市过近是不行的，需要在光污染比较少的山区或远郊区进行拍摄，另外，虽然在 9 月份之后到来年的 1 月份这段时间里也可以拍摄到银河，但无法拍摄到银河最精彩的部分，因为这部分银河在地平线以下，只有 2 月到 8 月，银河最精彩的部分才在地平线以上，这段时间更适合拍摄银河照片。

月光之下的星空拍什么

有月光照射的夜晚，没有办法拍摄出清晰的银河，因为银河的亮度并不高，在月光的照射之下就无法表现出来。有月光时拍摄星轨是比较理想的，因为在有月光的环境中，通过场景拍摄出的天空往往是比较纯粹的蓝色，整体显得干净深邃。很多暗星被月光照射而不可见，最终拍到的照片中地景明亮，天空深邃幽蓝，星体的疏密也比较合理，整体画面就会有比较好的效果，如下图所示。

天文晨光怎样拍摄

　　夜晚即将过去时，天空中会逐渐出现天文晨光，俗称天光。这种天光是指太阳的散射光，这种散射光最明显的效果是让天空中的星星开始变弱变少，有时甚至几乎不可见，而让地面很多景物呈现出了足够多的细节层次。用眼睛直接观察时，几乎能够分辨出远处地面的一些景物细节，这时进行长时间曝光拍摄，就能让画面有非常好的表现力，层次和细节都比较丰富。

蓝调时刻的特点

一天中的日出和日落是非常适合摄影的"黄金时刻"。然而，或许很少有人知道，一天中的蓝调时刻（Blue Moment）也是摄影师最爱的拍摄时间，抓住这个时刻，神秘而忧郁的精彩大片就离你不远了。

蓝调时刻一般是指日出前几十分钟和日落后几十分钟，此时太阳位于地平线之下，天空出现深蓝色调，十分适合风光和城市题材的拍摄。

蓝调时刻拍摄的照片有如下几个特点：天空是比较深邃的蓝色；没有光线照射的一些区域仍然呈现出了一定的细节；地面被灯光照亮的部分也不会因为反差过大而产生高光溢出的问题，最终的画面效果是非常美的。

霞光的拍摄

霞光是自然风光摄影爱好者都非常喜欢的创作场景，因为在这种场景中光比不是特别大，容易得到明暗细节都足够完整的效果，且画面的色彩和影调也比较丰富，最终的照片画面具有很好的表现力。

无论是日落还是日出时分，霞光都会让画面渲染上浓郁的暖色调，显得非常梦幻。

黄金时间段的创作

在风光摄影中，黄金时间段是指日落（日出）之前的 30 分钟到日落（日出）之后的 30 分钟，即太阳在地平线之上和之下半个小时到 1 个小时的时间，包括日出和日落两个时间段。在这两个时间段，太阳光线强度较低，摄影师比较容易控制画面的光比，可以让高光与暗部呈现出足够多的细节。另外，这个时间段的光线色彩感比较强烈，能够让画面中渲染上比较浓郁的暖色调或冷色调。这样拍摄出的照片，无论是色彩、影调，还是细节，都比较理想。

上午与下午强光时的拍摄

除了之前介绍的夜晚及日出、日落前后，在上午和下午一些特定的时间，太阳光线已经逐渐变强，光线变强之后，我们对于画面光比的控制就变得比较困难。高光部分容易溢出，暗部容易曝光不足，因为相机的宽容度是有限制的，所以很多时候，风光摄影爱好者在上午与下午就不再进行拍摄了。但实际上在一些特定情况下，一些景区只允许在正常工作时间进行相关拍摄，这时就只能根据现场的一些景物分布及光线特点拍摄一些白光下的摄影作品。当然，在上午与下午拍摄时，应该尽量选择光线与地平线夹角较小的时候进行拍摄，因为夹角越大，光线强度越高，画面的效果越差。

正午也能创作吗？适合拍什么照片

正午是最不适合进行摄影创作的时段。光线条件不适合进行摄影创作并不能代表我们不能拍摄，实际上，在正午时，借助近乎顶光的照射，可以拍摄一些身边的局部小景，让这些小景显示出强烈的质感。

如下图所示的场景，因为正午的光线过于强烈，导致画面中缺乏色彩，根据场景选取了这个在顶光下能够呈现出较长阴影的房子的局部进行表现，让画面的层次变得更加丰富一些。针对色彩感比较弱的问题，我们将照片变成了黑白色，避开了色彩的干扰，最终让画面表现出了强烈的质感。

第 5 章
用光的高级技巧与经验

本章介绍一些关于用光的高级技巧，具体包括各种不同的画面影调效果，以及影调与色调在高光与暗部等不同区域的分布状态。本章的内容可能还需要结合一些摄影后期的思路来进行综合理解与考虑。

高调作品，打造明亮、干净的画面

在摄影领域，高调是指所拍摄的照片画面中，以非常浅淡的色调为主，画面的曝光值整体偏高，那么最终照片显得非常明亮、明媚，能够给人干净舒爽的感觉。从直方图看，高调的摄影作品，直方图是右坡型的，可能会有一种曝光过度的感觉，但结合照片画面就会发现，这是一种特殊的照片影调风格，曝光是没有问题的。当然，即便是高调的摄影作品，最好也不要出现大量的高光溢出。另外，拍摄高调的画面，场景中不宜有太多的深色景物和对象，曝光值要适当高一些。

如下图所示，场景本身是浅色调，并且有大量的灯光，结合较高的曝光量，最终就得到了这种高调的室内建筑效果。从直方图也可以看出，这是一幅稍稍曝光过度的高调摄影作品。

低调作品，打造深沉、神秘的画面

　　低调与高调正好相反，其场景中大多数是深色调的景物和对象。另外，在曝光时，曝光值不宜过高，一般使用标准曝光值，然后稍稍降低曝光补偿，最终得到低调的画面效果。低调的摄影作品，直方图的波形大多聚集在左侧，显示出曝光不足的直方图波形，但结合画面，就会发现是低调的画面效果。低调的摄影作品往往给人一种深沉、神秘的感受，在表达拍摄对象的情绪时会非常有利。

　　如下图所示的这幅人像作品，可以很明显地判断出来就是一种低调的画面效果，人物的头发、衣服及背景都是深色系的，再加上整体偏低的曝光值，低调的效果非常明显。

长调作品，呈现丰富的层次细节

　　对于照片的影调，除高调与低调外，还可以根据直方图波形的分布将照片分为长调、中调和短调。长调是指从直方图的波形来看，从纯黑的暗部一直到纯白的亮部都有像素分布，影调接近于全面覆盖。从照片来说，暗部与亮部都有层次细节。

　　由下图可以看到，波形的左侧几乎触及了直方图框左侧边线，右侧同样如此，这就是一种长调的画面效果。

　　根据长调画面的波形分布，还可以将长调分为低长调、中长调和高长调。低长调是指曝光值稍稍偏低，波形偏左的长调画面；中长调是指直方图波形的重心位于中间调区域；高长调直方图波形像素大多集中在直方图的右侧。正常来说，很多高调的摄影作品都是高长调的。

　　如下图所示，从直方图来判断，深色系的景物占据了更多的区域，是一种低长调的画面效果。

中调作品，呈现柔和的画面效果

　　中调与长调最明显的区别是中调的暗部和亮部都缺少一些像素分布，暗部不够黑，亮部不够白，画面的对比度会显得低一些。中调摄影作品整体给人的感觉比较柔和，没有强烈的反差。

　　中调同样也可以分为高、中、低 3 种类型。无论哪种中调摄影作品，由于缺乏暗部和高光，画面反差会比较低，细节丰富，给人的感觉会比较柔和、舒适。

短调作品，表现特殊场景的氛围

　　短调通常是指直方图左右两侧的范围不足直方图框左右宽度的一半。整个直方图框从左到右是 0~255 共 256 级亮度，短调的波形分布不足一半，也就是不足 128 级亮度差别，下面直方图中右侧红框标出的部分没有波形，对应的摄影作品就属于短调。

　　短调也分为高、中、低 3 种类型。无论哪种短调摄影作品，由于严重缺乏高光或暗部层次，因此画面整体效果的控制比较困难。但在表现一些微光或低反差场景时，往往能够让画面呈现出特殊的意境与氛围。

"见山寻侧光"是什么意思

　　风光摄影圈里有句话，叫"见山寻侧光"，是指借助侧光来营造丰富的画面影调层次，并且让画面更具立体感。山体自身虽然有一定的表现力，但是如果没有光影效果，表现力也会大打折扣。如果寻找到了侧光的角度，影调层次就会更加丰富，画面也会更加优美，并且会让整个山体更具立体感。

　　借助侧光的角度进行拍摄，山体的受光面能够让我们看清丰富的纹理层次，感受到山体的质感。借助山脊的阴影遮挡和山体遮挡所产生的阴影，可以让画面的影调层次更加丰富，意境更加深远。

"一定要有光"是什么意思

　　一定要有光，就是指光线的重要性。也就是说，摄影创作必须有光，有光才有影，这样画面的影调层次才会更加丰富，并且会产生一些光线透视关系或者明暗对比关系等，从而提升画面的表现力。光影是摄影作品的灵魂，由此可见"一定要有光"这句话的重要性。之前已经介绍过光线透视的重要性，借助光线透视可以让画面结构变得更加紧凑，还可以厘清画面的明暗关系，为后期提供指导思路。另外，画面有了明显的光感之后，就会有明有暗，影调层次会变得更加丰富，更具立体感。

　　如下图所示，光线的照射让画面的影调层次更加丰富，色彩更加优美，因此，照片整体的效果也更好。

光与质感息息相关

　　除光以外，有关光影艺术的另外一个特质是质感。我们所能看到的景物的质感主要来源于各种不同的光线的运用。所谓质感，是指不同材料给我们的真实感觉。例如，嶙峋的怪石，给人的感觉就是凹凸不平的表面纹理，仿佛触手可及；涌动的水面或云海，给人的感觉仿佛始终在流动，这就是质感。强烈的质感会给人更强烈的视觉冲击力，让人感受到画面的真实。质感对于构图来说是非常重要的一个概念。质感的表现主要借助于光线来实现。光用得好，画面会表现出更强烈的质感；光用得不好，画面会损失掉质感。一般来说，过于强烈的对比不利于呈现景物表面的质感，因为太强的反差会导致高光部分曝光过度，而暗部曝光不足，无法体现细节纹理的质感。所以在表现质感时，对于光线的把握一定要非常准确，对于画面的测光和曝光要格外注意。

　　下图所示的照片中，在低角度侧光照射下，草地呈现出了较强的质感，有种触手可及的感觉。

散射光画面的干净度

对于有明显光源的场景，可以根据光线的方向与明暗关系对画面进行一定的调修。有一些场景本身是散射光环境，但场景中大量景物的明暗特别不均匀，如白色的建筑、岩石，深色的树木，等等，这都会让画面变得凌乱，给人不舒服的感觉。

在拍摄城市夜景时，许多建筑明暗反差较大，这也会让色彩漂亮的夜景画面变得凌乱不堪。这时就不必考虑太多光线的方向性，而应根据实际情况对画面的局部进行一些明暗的调修，最终得到想要的效果。

如下方的原图所示，画面整体的色调和影调已经比较理想，但如果仔细观察，会发现天空亮度不均匀，有的区域亮，有的区域暗，特别是天空中间的部分颜色过深，那么天空就显得不够干净。对于地景来说，画面下方几栋居民楼亮度非常高，它干扰了画面中两座古建筑的表现力。

在后期调整时，可以借助蒙版、曲线等工具对天空部分进行明暗的调匀处理。对于地景近处的几栋居民楼，可以进行单独的压暗。最终就得到了想要的效果。可以看到，画面中两座古建筑的亮度没有发生太大的变化，但是却更加醒目，这是因为我们将很多周边的干扰进行了抑制、压暗，最后画面会更加耐看，如右侧的效果图所示。

原图

效果图

光的温度与画面色彩

　　在摄影创作中，根据不同光的温度，可以对画面的色彩进行特定的打造。

　　下图展示了不同温度的光线颜色，其中，K（开尔文）为温度单位，也可以称为色彩的温度（色温）。可以看到，随着温度的升高，画面色彩产生了由红到蓝的变化。理解了光的温度，就能理解在不同的场景中拍摄的画面为什么会呈现出特定的色彩。

　　右图所示的照片中虽然太阳与地面的夹角还比较高，太阳光线还比较强烈，色彩感并不是很强，但因为使用了5500K 左右的日光色温进行拍摄，所以，画面是非常暖的，强化了暖色调的氛围。

　　到了中午前后，色温急剧升高，真实场景的色温已经到了 5000K 以上，那么设定5000K 左右的色温进行拍摄，画面就能够准确还原真实场景的色彩。当然，此时场景的色彩就比较平淡了，都是大白光，画面的表现力要差一些。

日出、日落时为何要强化暖色调

在拍摄一些日出或日落的场景时，如果是局部的小景或一些特写，可以对画面中的暖色调进行强化处理，这样可以突出日出和日落时暖色调的氛围。当然，强化暖色调只是大部分场景的一种处理方式，有些比较特殊的情况还应该根据景物自身的特点进行具体的后续处理。

对于下图所示的日出时局部的小景，强化了暖色调效果，最终让画面呈现出非常迷人和梦幻的色彩。

蓝调时要强化冷色调

在日出之前或日落之后的蓝调时刻，可以对画面的冷色调进行强化。如果这种蓝调不够强烈，那么画面就会显得非常平淡，无法凸显出蓝调时刻的一些光影特点。只有对冷调进行强化，让画面的氛围提升起来，画面真正的表现力才会更好。

一般情况下，太阳落山之后，整个环境是一种蓝调的氛围，拍摄的照片也有一些偏冷。后期时依然要对这种蓝调的效果进行一定的强化，可以适当降低色温值，让画面变得更冷一些。至于冷色调的强化程度，可以根据画面的实际情况进行调修。

如下图所示的照片，天色暗下来，为了突出画面冷暖对比的效果，进一步强化了冷色调，让画面整体偏蓝，与水面附近走廊上的灯光形成一种强烈的对比和反差。

高光区域要强化暖色调

　　摄影的后期创作很多时候是为了结合着自然规律，真实还原所拍摄场景的一些状态。太阳光线或者一些明显的光源发射出的光线大部分是暖色调的，尤其是太阳光线。可能我们会觉得太阳光线在中午是白色的，但其实它是有一些偏黄、偏暖的。在摄影作品中，如果对受光线照射的高光部分进行适当的暖色调强化，是符合自然规律的，相反，如果后期将照片中的受光线照射的高光部分向偏冷的方向调整，那么这是违反自然规律的，画面往往会给人非常别扭、不真实、不自然的感觉。

暗部区域要强化冷色调

　　与高光暖相对的另外一个常识就是暗部冷。我们都有这样的经历：在夏天感觉到炎热时，找一个树荫，立刻会觉得凉爽，这是因为受光线照射的区域是一种暖调的氛围，而背光的区域是一种阴冷、凉爽的氛围，表现在画面中也是如此。高光部分可以调为暖色调，暗部则可以调为冷色调，这样就符合自然的规律与人眼的视觉规律，表现在画面中就会让画面显得非常自然。

　　还可以从另一个角度来进行解释。通常情况下，根据色温变化的规律，红色色温往往偏低，而蓝色色温会偏高，那么受太阳光线照射的区域处于较低色温的暖色调区域，而背光的阴影区域，色温值往往会高达6500K 以上，因此，它呈现出的是一种冷色调的氛围。

高光和暗部区域的色彩感

下面介绍关于用光的另外一个技巧——高光色彩感强，暗部色彩感弱。

在拍摄风光题材时，通常会有这样一个常识，那就是风光画面反差会高一些，饱和度也会更高。如果在后期处理时提高画面整体的饱和度，那么画面给人的感觉并不会特别舒服，它会让人感觉油腻，饱和度过高，但实际上整体的饱和度并不是很高。出现这种情况的原因是，在提高饱和度时没有分区。正确的做法是对于高光部分进行饱和度的提升，对于阴影部分可以适当降低饱和度，最终给人的感觉就会比较自然，并且色彩比较浓郁。

通过快门速度控制画面光效

　　风光应该在黄金时间拍摄，即日落或日出前后的半个小时到一个小时之内拍摄。因为这个时间段太阳光线与地面的夹角非常低，有利于景物拉出很长的影子，丰富影调层次。另外，这时光线的强度比较低，会显得比较柔和，有利于暗部呈现出更多的层次和细节。究其本质，可以这样认为，光线的强度决定了拍片的时机，在上午、下午或中午光线非常强的时候拍摄，光感特别强烈，画面就会显得不够柔和，艺术表现力会变差。如果能够在强光时通过堆栈拍摄或借助减光镜来延长快门速度，得到柔化的效果，在强光感下拍摄到更具艺术力的摄影作品。

借助偏振镜控制画面光效

　　拍摄风光题材时，借助偏振镜（也称为偏光镜）可以提升画面的表现力，得到更好的画面效果。这是因为自然界中存在大量杂乱的反射光线，这种杂乱的反射光线会让整个场景显得雾蒙蒙的，会降低景物的饱和度，并且让画面显得不够通透。将偏光镜加装在镜头前，只允许特定方向的光波透过偏振镜进入相机，就消除了场景中的杂乱的反光，最终使拍摄出的画面更加通透，景物的饱和度更高。

怎么拍日食等天象

拍摄太阳光线非常强烈的场景时，如日食等特殊的天象等，由于太阳亮度非常高，如果用相机直接拍摄，镜头透镜的聚光作用可能会让汇聚的太阳光线烧坏感光元件。因此，拍摄光线比较强烈的太阳时，往往要在镜头前加装减光镜以降低光线强度。但是如果太阳光线过强，即便使用了高倍数的减光镜，仍然无法有效地降低太阳光线强度，无法拍摄出清晰的太阳轮廓。这时就可以使用一种特制的巴德膜，这种巴德膜可以更大幅度地降低太阳光线的强度。

在中午拍摄太阳等强烈光源时，使用巴德膜可以得到很好的效果，并且非常有利的一点是巴德膜的价格非常低。当然，巴德膜的问题也非常明显，只能在拍摄太阳这种强光源时使用，在拍摄一些普通场景时是无法使用的，其不如减光镜的使用范围广。

下图所示分别为巴德膜，以及使用巴德膜拍摄的日食照片。

渐变镜与画面的光比

　　渐变镜可用于调和所拍摄场景中的大光比，让画面得到更均匀、更理想的曝光。渐变镜一般分为两部分，镜片的一半有降低通光量的涂层，另一半没有。这样在拍摄明亮天空和较暗的地景时，可以用透光率低的一半对着天空，用透光率高的一半对着地面，这样就可以调匀光比，让拍摄的照片画面曝光更均匀，各部分细节都足够完整。

　　下图所示分别为渐变镜，以及借助渐变镜拍摄的照片。

拍星空为什么要使用柔光镜

星空照片与眼睛直接看到的场景差别是比较大的，曝光合理、对焦准确的无月星空照片中，星星会非常密集，如果要表现银河等纹理比较清晰的对象，过于密集的星星会干扰银河的表现力。通常，在表现这种题材时，后期要进行一定的缩星处理，弱化单独的星星以强化银河纹理。对于星体过于密集的问题，前期拍摄时可以使用柔光镜进行解决，拍摄之前，在镜头前加柔光镜，许多比较小的星星会被柔化掉，比较大的星星也会变得比较柔和，整体的亮度变得更加均匀，这样有利于凸显银河的一些结构和纹理，并且星云也会显得更加明显，银河的表现力会更好一些。

红外截止滤镜与画面特点

　　为了使相机能够正常还原所拍摄场景的色彩，需要在感光元件前面加一片滤镜，用于滤除红外线，该装置称为红外截止滤镜。如果没有这片滤镜，那么日常拍摄出的照片都会偏红，是一种白平衡不准的画面色彩效果。

　　在星空摄影领域，天空中的许多星云、星系光线本身就是偏红色的。红外截止滤镜的存在会使得这些波段的透过率低于 30%，甚至更低，这就会导致拍摄的照片中星云、星系的色彩魅力无法很好地呈现出来。这也是用普通相机拍摄星空，里面很少有红色的原因。

　　为了表现星云、星系等的色彩效果，热衷于星空摄影的爱好者就会对相机进行修改，称为改机。改机主要是将机身感光元件，也就是将 CMOS 前的红外截止滤镜移除，更换为 BCF 滤镜。

　　改造之后的感光元件可对星云等发出的光线感光，让反射型星云等呈现出原本的色彩。但此时画面整体会偏红，需要进行校色处理。

　　右图和下图所示分别为借助红外截止滤镜拍摄的星空，以及校色并合成后的画面。

方形滤镜与圆形滤镜的区别

　　圆形滤镜的使用比较方便，直接旋转到镜头前端即可。方形滤镜则要通过滤镜支架卡在镜头上，这样不是很方便，但可以方便随时增加或减少滤镜数量。

　　方形滤镜镜片比较大，轻易不会让照片出现一些"鬼影"的问题。圆形滤镜虽然比较轻便，使用也足够方便，但如果质量欠佳或调整角度不理想，容易在照片中的一些边缘处出现"鬼影"和眩光。

方形滤镜

圆形滤镜

第 6 章
那些迷人的光影效果

本章将介绍摄影实拍中有关用光的一些特殊技巧，包括如何拍到自然界中的丁达尔光、如何拍摄出星芒等非常特殊的一些效果。这些特殊效果呈现在照片画面中，可以为画面增添一些比较特殊的亮点和视觉中心，提升画面的表现力。

旖旎、柔美的维纳斯带

在晴朗的天气条件下，待太阳落山之后或日出之前，天空四周特别是太阳落下或升起位置的对面，可能会出现一道橙色等暖色调的光带，被称为"维纳斯带"。

维纳斯带（英文名为 Belt of Venus 或 Venus's Girdle，中文又称金星带）是日出前或日落后出现的一种大气现象。这种现象与反曙暮光弧紧密相关，出现在太阳的对面，呈粉红色光辉。维纳斯带多在日出前或日落后沿地平线上 10° ～ 20° 的角度呈水平延伸开来。其本身的玫瑰红（粉红）色是地平线下正在下沉或上升的阳光被大气反射和散射造成的，其下方接近地平线较黯淡的是由地球的影子造成的。最容易看到维纳斯带的时机是在天空晴朗无云但有许多尘埃的日落之后，此时黄昏后的暮光投射至东方的天空后，被大气中的尘埃粒子反散射形成淡淡的粉红色光弧。它是由后向散射造成的，另外，在日全食中太阳光完全被掩蔽时，四周的地平线附近也可看到非常类似的现象。

地面即便是最暗的部分也没有完全变黑，整体的画面呈现出深邃、冷静的氛围。在这种环境中，比较适合拍摄一些城市的风光，因为城市中的灯光以亮暖色的灯光为主，与深蓝幽邃的环境会形成一种冷暖的色调对比，并且蓝色与暖色的灯光往往会形成互补的色调，这种色彩的对比非常强烈，具有较强的视觉冲击力，能够一下子抓住观者的注意力。

抓住局部光，让画面更具表现力

　　一天中，除了之前介绍的一些不同光线及拍摄题材，在自然界中还有一些非常特殊的光线，例如，在阴雨天太阳偶尔从乌云的缝隙中投射到地面景物上，会形成一些局部光。这些局部光会与周边的阴影区域形成强烈的对比，从而让画面层次变得丰富。

　　局部光的捕捉不能过于随意，最好在局部光线照射到一些山峰、建筑或其他适合作为视觉中心的点上时拍摄，这样会让画面的表现力更胜一筹。

　　下图所示的照片是我们待局部光照射到近处的建筑及远处的山体时进行拍摄的，此时被光线照射到的建筑与远处的山体会形成一种远近的对比和呼应。

神秘、美丽的丁达尔光

丁达尔光又称"耶稣光"，是一种罕见而美丽的自然现象。丁达尔光形成于云层不断运动、阳光透过厚厚的云层缝隙照射下来之时，使整个天空都笼罩在一束束迷人的光束中。

丁达尔光的色彩温暖而柔和，仿佛是大自然的魔法般的光芒，给人一种神秘而神圣的感觉。它的出现总是让人惊叹不已，仿佛是天空中的一道美丽的闪电，又或者是天堂之光洒落人间。

为了在摄影创作中更好地捕捉和呈现这种难得一见的光效，摄影师往往会采用特定的拍摄技巧。首先，需要选择一个合适的位置，以便能够从合适的角度捕捉到丁达尔光；其次，要适当降低曝光补偿，将光束表现得更明显，而周围的天空呈现出较暗的色调，以突出光束的视觉效果；最后，可以使用大光圈和长焦距的参数组合拍摄，以进一步强调丁达尔光的美丽和神秘感。

透光，让画面具有梦幻美感

　　透光是指强烈的光源光线透过一些比较薄的遮挡物，在遮挡物上产生的一种光线透视的现象。这种透视会让遮挡物表面的一些纹理材质的质感显示得非常清晰和强烈。常见的场景有将相机放到地面仰拍花朵，或者在树的阴影中逆光拍摄一些树叶等。

　　如下图所示，逆着光线的照射方向拍摄，最终得到了这种透光的效果，花瓣的质感非常强烈，它的纹理和脉络也非常清晰，有一种晶莹剔透的感觉。

拍出人物的眼神光

　　在人像摄影中，人物的面部是表现的重点，但在人物的面部中，眼睛的表现力更加重要。眼睛是心灵的窗户，眼睛的表现力足够，画面整体会显得比较有精神，更有神采。如果眼睛的表现力不足，那么最终成像时，无论人物面部五官如何精致，身材如何苗条修长，画面整体都会给人一种没有活力的感觉。

　　对于眼睛的刻画，眼神光的表现是至关重要的一点。眼神光是指外界的光源在瞳孔中的倒影。拍摄人物时，只有人物的眼睛中出现了眼神光，眼睛的表现力才会好。要拍摄出眼神光其实非常简单，只要在拍摄时让人物的正前方有明显的点光源或其他光源，就可以拍摄出眼神光。

怎样拍出剪影效果

剪影是指逆光拍摄时，根据画面的曝光情况，以高反差场景的高光部位为曝光依据，相机会认为整个场景比较明亮，因此会降低曝光值，就会导致地面的一些背光的景物曝光不足而产生剪影的效果。

通常情况下，绝大多数大光、比高反差场景都可以拍摄出剪影效果，前提是要逆光或侧逆光拍摄，然后适当降低曝光值。对于剪影效果的画面来说，地景的对象或景物轮廓不能太过复杂，要简单一些，并且地面景物的正面不能是表现的重点。在拍摄山景、树木、人物时可以采用剪影的方式来进行拍摄。拍摄人物时，剪影可以用于表现人物的身材线条。

怎样拍出梦幻的光雾效果

光雾是逆光拍摄人物时的一种特殊光效，是一种眩光，但是这种眩光效果比较均匀，不会产生强烈的光斑和"鬼影"，可以让画面有梦幻的美感。

在实际拍摄时，需要逆光或侧逆光拍摄，不用遮光罩，这样就容易拍摄出光雾的效果。在拍摄时还要调整取景角度，避免产生强烈的光斑。通常情况下，开大光圈可以有效抑制光斑及"鬼影"。光雾的梦幻效果与逆光拍摄一般人像时，人物四周出现发际光有异曲同工之妙。

光雾效果也可以通过在前期拍摄时在镜头前加装一些塑料膜、比较薄的纱布等来实现；还可以借助后期手段，在 Photoshop 中通过添加滤镜来实现。

怎样拍出迷人的星芒

　　星芒是指拍摄场景中的点光源呈现出星芒四射的效果。星芒来源于强光源在镜头中光圈叶片之间产生的衍射。由此可知，光圈叶片的数目会对星芒的数量产生较大的影响。光圈叶片数为偶数，拍出的星芒数量与叶片数量相等；光圈叶片数为奇数，拍出的星芒数量是叶片数量的两倍。

　　除此之外，要拍摄出星芒效果还需要如下几个必要条件：其一，光源足够明亮而四周亮度偏低，或者光源与环境的反差比较大，这样容易凸显星芒的效果；其二，光圈不宜过大，当光圈过大时，光源在照片中容易呈现出光斑的形状，无法呈现出星芒，而小光圈下光源容易变为非常小的点，成为点光源；其三，曝光时间要长一些，长时间的曝光容易让衍射变强，那么星芒的长度也会变长。

　　另外，广角镜头会让整个场景显得比较远，那么光源的成像也会比较小，会变为明显的点光源，因此更容易产生星芒。

怎样拍摄出光线的拉丝效果

所谓光线拉丝，是摄影创作中最常见的一种光效。它非常简单，就是在慢门下拍摄运动的光源，从而拍摄出拉丝的效果，这与拍摄慢门流水等的原理是一样的。

在类似于城市的夜晚这种场景中放慢快门速度，单位时间内相机所得到的曝光量就会非常低，车辆的车身等亮度比较低，就无法在感光元件上成像，但是车灯等高亮部位亮度比较高，就可以不断在感光元件上显影。在长时间曝光范围之内，车辆是不断移动的，因此，车灯的残影就会产生线条的形状。

拍摄夜景城市风光时，使用慢门的方式拍摄，可以记录下街道上大量车流的车轨效果，画面非常梦幻唯美。

用手机、手电筒等点光源为画面添加兴趣点

无论是城市风光还是自然界中的弱光摄影，使用手机作为点光源可以丰富画面的内容层次及影调层次，形成一些明显的视觉兴趣点。一般来说，手机光源所在的位置就是人物所在的主体位置。借助手机光源，可以对人物的表现形成一定的强化。

手机内置的手电筒光源强度非常高，但是面积非常小，使用较大的光圈进行拍摄，也能拍摄出一定的星芒。

夜晚在室外拍摄人物时，可以让人物举起手机，拍出的画面中，人物仿佛从天空中摘下一颗星星。

拍摄钢丝棉火花四溅的效果

钢丝棉是一种可以燃烧的压缩物，在燃料中混入了一些金属丝，遇到高温时，这些金属丝会发热、发光，甩动起来之后，金属丝划过的轨迹会产生漂亮的效果。

一般来说，为了避免烧伤，在购买时往往要多准备一些辅助器具，如甩动的铁链、甩动用的手套、夹子及眼镜等。另外，还可以准备一件不再穿的旧衣服，在甩动时提前穿上这件衣服，可以避免自己日常穿的衣服被烧出窟窿。

钢丝棉 *5 卷

手套 *1 双　　夹子 *1 个

铁链 *1 条　　眼镜 *1 副

具体的拍摄其实非常简单，只要在天色没有完全黑下来时选择一个开阔的场地，点燃钢丝棉后进行甩动即可。甩出的铁花划过的距离就是钢丝棉轨迹的长度，甩动的幅度越大，轨迹越长。目前，钢丝棉是近年来普及的一种创意光绘材料，并且它的玩法也比较简单，没有太多技术含量。当然，最终的表现力也谈不上太理想，毕竟这只是一个简单的甩动效果而已。

用马灯营造强烈的温暖感

在帐篷内使用马灯可以让帐篷变为一个光源，除此之外，还可以单独使用马灯。马灯的亮度是可调的。在野外拍摄弱光场景时，借助马灯可以对前景进行补光。另外，还可以在树木、岩石、洞穴等位置放置马灯，可以产生一定的照明效果。冷色调的夜景与暖色灯会形成一种冷暖的对比，并且马灯会形成一个视觉中心，让观者有一个视觉落脚点，让画面增加影调和色彩层次，画面的表现力会变得更好。

在夜晚降临时拍摄人物手提马灯，会让画面产生强烈的明暗和冷暖对比，并且给人的感觉是非常温暖的。

用亮灯的帐篷提升画面表现力

在室外拍摄夜景或星空时，用帐篷作为地景是非常好的选择，当然要选择暖色调的帐篷，一般以橙色、红色居多。在这种帐篷内放一盏马灯，在远处拍摄时，帐篷就会作为地面的视觉中心，从而可以避免画面变得单调或者效果不够理想。这里需要注意的是，在帐篷内放置马灯作为光源时，通常需要对马灯进行一定的遮挡。例如，在马灯外侧遮挡柔光布或纸巾等，如果不进行遮挡，在远处拍摄时，帐篷可能会产生亮度非常高的光斑，长时间曝光之后会导致帐篷有些局部曝光过度。在拍摄时，不可能随时控制帐篷内灯光的明暗，不可能只让帐篷里的灯光持续 3~5 秒（能够遥控的灯光除外），所以，在大多数情况下，正确的拍摄方式是提前将帐篷内的灯光亮度降低，这样即便拍摄 30 秒之后，也可以确保帐篷不会曝光过度。

用专业级光绘棒打造特殊的光影效果

　　这里要介绍的光绘棒并非简单的带有手柄的 LED 灯。具体来说，光绘棒的手柄上有一些按键及一个液晶屏，通过按键可以选择绘制的照片，并且能够在与光绘棒相连的手机 App 中进行观察。

　　具体操作时，光绘棒面向相机拍摄的方向，然后在几秒内由上到下或由下到上让光绘棒划过一定的痕迹，就可以绘制出一些特定的图案。比较有意思的是，不同的绘制速度及高度可以绘制出大小不同的图案，如果可以进行持续连拍，就可以用同一个光绘棒拍摄出大小、方向、动作等全部相同的很多光绘形象。最后只要采用最大值堆栈就可以将这些较亮的形象堆栈在一张照片中，并且毫无合成的痕迹。

　　由于光绘棒的性能比较出众，功能也比较多，所以价格稍高，通常在百元以上。需要注意的是，这种光绘棒的质量不是特别理想，如果使用不当，可能会出现按键失灵等问题。

第 7 章

山水自然、草木花卉与城市风光题材的用光技巧

本章将从山水自然、草木花卉与城市风光等题材的角度，介绍风光摄影用光的一些技巧。

山水自然：渲染高调雪景的美丽

相机的测光是以 18% 的反射率为基准进行的。也就是说，18% 是我们所见的自然环境的平均反射率，是一个比较平均的亮度，用相机拍摄出的照片也接近于反射率为 18% 的环境。如果拍摄的场景亮度非常高，相机会认为曝光值过高，在相机内部会自动进行降低曝光值的操作。例如，在拍摄雪景时，由于反射率非常高，相机会自动降低曝光去拍摄，这样拍摄出的雪景亮度偏低，从而导致画面效果是灰蒙蒙的，不够明亮，无法表现出雪景的美感。在这种情况下，就需要摄影师在测光的基础上适当增加曝光值，让画面还原出真实场景的亮度，也就是用稍高的曝光值，表现出高调雪景的美丽。

下图所示的照片中，适当增加曝光值，会让画面整体非常明亮，将现场雪景表现得非常优美。从画面中可以看到：与地面夹角较小的光线，在前景中让雪地表面的一些凹凸纹理拉出了阴影，这样有助于强化雪地表面的质感，让画面整体的视觉效果更好。

当然，在实际拍摄中，尤其是拍摄这种直射光线下的雪景，也应该注意一点：虽然有必要增加曝光值，但也不能增加得太高。

实际上，这种拍摄雪景时增加曝光值的操作，也符合摄影曝光创作中的"白加黑减"，其中，"白加"就是针对这种比较明亮的场景。

山水自然：渲染弱光夜景的神秘氛围

"黑减"是指拍摄夜景或一些黑色的对象时，要适当降低曝光值，否则，相机会将所拍的深色场景自动增加曝光值，导致拍摄出的画面效果不够黑，而是灰蒙蒙的。所以，摄影时需要进行"黑减"操作，即拍摄时适当降低曝光值，渲染出夜景或深色场景的氛围，表现出真实场景的美感。

下图所示的照片拍摄的是没有月光照射的星空画面。从画面中可以看到，通过降低合理的曝光，将整个银河的纹理非常完整地呈现出来。但是应该注意，如果曝光值降得过多，那么地景可能会有大片区域变得一片漆黑，曝光不足，产生暗部溢出的问题。

在实际应用中，拍摄这种微光下的银河题材时，由于不容易控制曝光值的降低幅度，通常情况下可以设定 M 挡全手动模式进行拍摄。并且，有经验的摄影师可能会有一些固定的参数，如拍摄这种没有任何光照的银河场景时，光圈通常会设置为 f/2.8 及更大，快门速度会设置为 30 秒，感光度会设置为 ISO 4000 及以上，这样可以得到更理想的画面效果。从实拍的角度来说，还要注意"500 法则"。所谓"500 法则"是指焦距 × 快门时间 ≤ 500，如果超过 500，则拍摄的照片中的星点会拖出长长的轨迹，产生"拖尾"现象，效果也不会很理想。

山水自然：拍雪景时要搭配深色景物

通常来说，无论有光线照射的雪景还是散射光线下的雪景，环境的亮度都非常高，为了让画面有更丰富的影调层次和明暗对比，大多数情况下都需要借助一些深色的景物与浅色的雪景进行搭配。所以，在取景时，摄影师应该寻找一些深色的景物，营造出影调层次丰富的画面。

山水自然：直射光下拍雪景的方法

在直射光下拍摄雪景，一定要多注意影子的位置，应该通过调整取景角度，在画面中纳入一些景物的影子，这样可以与浅色的雪景进行搭配，让影调的层次更丰富。这与用深色景物来搭配画面的技巧是一个道理。

另外，因为受光线直接照射的雪地部分的亮度非常高，所以不能简单粗暴地增加曝光值，否则会导致受光线直接照射的区域出现高光溢出。

山水自然：斜射光下拍摄山景的特点

借助斜射光拍摄一些比较明显的、有高度的对象，如山体时，可以在山体线条周边营造出丰富的影调，山体的受光部位和影子能够将整个山体的轮廓很好地勾勒出来，最终让画面显得影调丰富且具有立体感。

在下图所示的照片中，整个雪山区域的轮廓是非常清晰的，并且层次也比较丰富。

山水自然：云雾对山景有什么作用

　　自然风光中，云海和雾景是非常好的气象条件。因为在这种气象条件下，乳白色的云海或雾气可以与深色的景物相搭配，形成非常自然的明暗相间的层次变化。涌动的云雾也会丰富画面的内部层次，让画面更有看点。

　　下图所示的照片表现的是夏季长城优美的景色，远处涌动的云雾会让画面显得更有意境，更有空间感。

山水自然：散射光下如何丰富照片影调层次

　　与直射光丰富的影调层次不同，散射光下的景物主要靠自身的明暗和色彩来营造画面的层次，因此，取景时应该寻找一些明暗变化比较大的景物来构建画面。

　　如下图所示，作为主体的长城与周边深色的山体形成了一种明暗的对比，而近景的一些泛黄的树木又与冷色调的山体和天空形成了一种色彩的对比。虽然没有直射光照射，但整个画面依然呈现出了较为丰富的层次，并且散射光自身比较柔和，将画面的细节特点很好地表现了出来。最终画面各区域的色彩和影调都非常丰富，细节也比较完整。

山水自然：拍摄波光粼粼的水面美景

如果拍摄的场景中有大片空旷的水面，那么可能会导致水面区域显得空洞和乏味。但是如果有直射光线，并且拍摄时间是在早晚两个时间段，则可以进行逆光拍摄，借助太阳光的照射可以让水面呈现出波光粼粼的美景，让画面的氛围更加浓郁，并且水面也不会显得空洞。

如下图所示，水面的面积非常大，但因为霞光的照射呈现出波光粼粼的效果，所以最终整体画面的氛围非常优美。

山水自然：如何打造日落时冷暖对比的效果

太阳升起之前或太阳落山之后，它的余晖会照亮天空。在晴朗的天气中，这种余晖可以与地景背光处的冷色调形成一种冷暖的对比，让画面的视觉冲击力变得更强。

如下图所示，太阳落山之后，画面整体的光比变低，并且太阳周边残留了一些暖色调的余晖，冷蓝的天空和地景形成冷暖对比的效果，让画面整体的视觉冲击力变得很强烈。当然我们也要注意，要想营造这种冷暖对比的效果，需要让大片冷色调与较小区域的暖色调进行对比，这是非常重要的，如果暖色调的区域过大，则这种对比效果会变弱。

山水自然：慢门水流的三种实现手段

通常情况下表现慢门水流有如下三种方式。

第一种，借助三脚架、快门线等附件，降低感光度，缩小光圈，从而获得较慢的快门速度。如果现场光线比较强，那么还需要在镜头前加装减光镜，才能得到更慢的快门速度。

第二种，采用持续的连拍，后期进行堆栈的方式得到慢门水流。

第三种，如果没有减光镜或不想进行后期的堆栈处理，也可以直接进行拍摄，在后期软件中借助模糊滤镜，尤其是路径模糊，对水面进行模糊处理，也可以得到慢门水流的效果。当然，在制作这种滤镜模糊的慢门水流效果时一定要有耐心，要根据水流的流动方向来制作特定的慢门效果，并且还要涉及选区及抠图等操作，相对复杂一些。

山水自然：为白色溪流搭配深色景物

　　拍摄水景时，水流溅起的水花是白色的，它可以与深色的岩石、树木等景物形成明暗对比，让画面有丰富的层次。如果使用慢速快门进行拍摄，这些水流还会呈现出如丝般的质感，画面会具有梦幻的美感。慢门拍摄水流其实与拍摄云海、云雾等有些相似，得到的视觉效果也比较相近。

　　浅色调的溪流与周边深色的树木及岩石等景物搭配，画面的影调层次会比较丰富。

山水自然：如何将水面倒影拍得更清晰

拍摄水景时，除常规的拍摄方式外，还可以着重表现岸边一些景物的倒影，用倒影与实际的景物形成虚实对比，并且有上下的对称关系，这样画面会更具看点。表现水面倒影时，通常情况下要满足如下几个条件。第一，风不宜过大，如果风大则会吹皱水面，那么倒影就不会清晰。第二，可以借助偏振镜消除水面杂乱的反光，避免水面过白，从而影响倒影的表现力。在使用偏振镜调整偏振角度时一定要注意，如果角度调整不理想，可能会让倒影不那么清晰，所以，在拍摄时一定要多调整角度，找到最佳拍摄角度。第三，要降低机位，让机位尽量接近水面，这样可以将倒影拍得更大一些。第四，如果水面的倒影不够理想，可以在后期通过对地景建立选区，然后翻转地景，最终让翻转的地景贴到水面上，与实际的地景形成对应关系，即通过后期的方式制作倒影。

山水自然：银河曝光的500、400和300法则

在拍摄没有月光的银河时，要让星空获得充足的曝光，至少需要十几秒的曝光时间。星空相对于地球是处于转动状态的，即便使用 15 秒左右的曝光时间，放大照片观察就会发现星星出现了拖尾，开始变为星轨的状态，即星体不是非常清晰的。要想避免这种情况，一是使用赤道仪，二是尽量提高快门速度。提高快门速度是以提高感光度为前提的，这必然会导致产生大量噪点。为了让快门速度更快，感光度更低，需要寻找一个平衡点，尽量兼顾星体的拖尾状态与噪点状况。

在广域星空摄影中，有一个"500 法则"，即确保星体拖尾能在可接受的范围之内，最长的快门时间是 500 除以焦距。例如，用 16mm 焦距拍摄，则 500÷16=31.25 秒，即使用 16mm 焦距拍摄时，即便快门时间是 31.25 秒，星体拖尾的现象看起来也不是非常严重。但事实上，如果放大观看，星星拖尾还是有的，已经变为了星轨。如果想更好地控制边角的星星拉线，建议应用"400 法则"或"300 法则"，400÷16=25 秒，300÷16=18.75 秒，即用 25 秒或 18.75 秒的快门时间拍摄，星星更为清晰。

使用"500 法则"进行拍摄，得到照片后，从正常视角看，星星非常清晰，但放大之后可以看到，星星依然有一定的拖尾。所以，在拍摄星空时务必遵循"500 法则""400 法则"或"300 法则"，在尽量短的时间内完成拍摄。

山水自然：拍摄银河，单次曝光，最后堆栈

拍摄银河，最容易产生的问题是画面中的噪点过多，例如，使用 f/2.8 的大光圈镜头往往需要设定 4000 以上的感光度，进行长达 30 秒左右的曝光。那么照片中的噪点就会非常多，这会干扰星星的表现力，在这种情况下，进行连续的多次拍摄，然后在后期进行堆栈降噪，就是比较好的选择。

提示：随着超广角、大光圈定焦镜头的普及，如果我们使用最大光圈在 f/1.4 左右的广角镜头拍摄，则将感光度设置为 ISO 2000 左右就能拍摄出比较理想的银河照片，那么就不需要进行堆栈降噪了。

山水自然：拍摄银河，用大光圈定焦镜头控制曝光

使用超大光圈（通常是 f/1.4）定焦镜头拍摄银河时，设定超大光圈，在保持快门速度不变的前提下，尽量大幅度降低感光度，让地景与银河都获得足够的曝光量，画面整体的效果是比较理想的。当然，照片中也会有一些噪点，但基本上在能接受的范围之内。

如下图所示，使用超大光圈的定焦镜头拍摄，感光度设定为 2000，就能得到比较细腻的画质，在这种情况下直接拍摄单张照片甚至接片都是比较好的选择。可以看到，下方这张照片是设定超大光圈进行拍摄的，最终得到了比较好的效果。

山水自然：拍摄银河，用赤道仪控制曝光时间

　　首先使用赤道仪追踪和拍摄银河，得到非常理想的星空；然后单独拍摄地景；最后对地景进行抠图，将银河合成到地景上。利用这种方法拍摄的银河的画质非常细腻。但是要借助复杂的后期处理技术，这是一种照片合成方法。

　　要得到理想的银河画质，使用赤道仪进行拍摄是最好的选择，因为使用赤道仪可以确保相机与天空的银河同步移动，两者保持了相对静止，即便设定较低的感光度、较长的曝光时间，星点也不会出现拖尾，这样拍摄的星空会有较好的画质。

草木花卉：要拍好花，需找到最佳拍摄时间

　　拍摄花卉，从光线的强弱和角度来说，可以选择上午 9:00~10:00 和下午 15:00~16:00 拍摄，这些时间段阳光照射强度适宜。如果从空气的干净程度和水汽含量来说，早晨拍摄的效果更好。如果想拍摄霜或露珠，则要在日出时以较短的时间拍摄，此时有阳光的照射，并且霜还没化，此种机会可遇不可求。

　　清晨日出前后是花卉摄影非常理想的时间段，经过夜晚水汽的滋润，花朵会足够鲜嫩，色彩表现力也好。如下图所示，经过夜晚水汽的滋润，葵花内部变得湿润柔和。

草木花卉：准备一个喷水壶

在拍摄花卉题材时，如果是上午或下午比较晚的时间，那么经过太阳的照射，整个花卉的表面可能已经比较干涩，这种干巴巴的感觉在照片中的表现并不会特别好，所以，如果条件允许，可以自带一个喷壶，装一些清水准备好。拍摄之前，提前用喷壶对所拍摄的对象喷洒一些水珠，制造一些雾气。经过水汽的滋润之后，拍摄对象表面的色彩和质感会更加鲜艳娇嫩，并且所拍摄的主体对象表面可能会出现一些水珠，借助晶莹的水珠，可以丰富画面的影调层次，并且在水珠中可以倒映出一些景象，让画面显得更加耐看，更有层次。

拍摄之前，用喷水壶洒一层水，草叶上的水珠倒映出一些周边景物，这样拍摄出来的画面就比较有趣。

草木花卉：多重曝光在花卉摄影中的两种常见用法

　　在拍摄一些花卉题材时，可以尝试使用多重曝光的方法进行拍摄。多重曝光有不同的使用技巧，例如，可以采用先清晰对焦，然后改为手动进行虚焦拍摄，这样两张照片叠加在一起，会出现一种柔焦的效果，让照片呈现出一种梦幻的美感。另外，还可以单独拍摄花朵，再找一个干净的叶片进行多重曝光拍摄，这样画面的色调和影调会更加干净。具体使用哪种多重曝光方式进行拍摄，需要摄影师对相机的多重曝光功能有一定的了解，对多重曝光的叠加效果也比较清楚，这样做好准备之后再进行拍摄，更容易拍摄出一些与众不同的效果。

　　下图所示是借助多重曝光将背景的一些虚化效果与实际的花朵叠加在一起所产生的漂亮效果。

草木花卉：拍出黑背景的花卉

让照片中的主体花朵明亮，而背景较暗，是经常用到的花卉的拍法。这样可以以暗背景来衬托和突出主体花朵，并让花朵的色彩、线条形态都非常明显。

要获得这种效果，通常有如下两种方法。

第一种方法：可以携带一块黑色背景布，拍摄之前将黑色背景布放到花朵后面，直接拍摄即可。

第二种方法：先选择一个合理的角度，从该角度看花朵时有一个较暗的背景；然后采用点测光的方式测较为明亮的花朵部分，这样可以进一步压暗背景，最终得到近似黑背景的效果了。

草木花卉：顺光拍花的表现重点

　　在顺光下拍摄花卉，可以将所拍摄对象的各个区域都照得比较明亮，这样有利于表现出拍摄对象各区域的色彩和纹理细节。当光线强烈时，可能产生刺眼的色彩效果，此时可以降低 1 ～ 2 挡曝光，以消除光线强度对画面的干扰。

　　在顺光下拍摄花卉时，由于光线均匀，测光比较简单，通常使用评价测光就可以轻松完成拍摄。但需要注意取景角度和花卉的摆放位置，确保花卉的受光均匀，避免出现局部过曝或局部过暗的情况。

　　下图所示的案例照片属于顺光拍摄，并且有充足的光线，花蕊及正在采蜜的蜜蜂的重点部位都能非常清晰地显示出来，画面的色彩表现力强。

草木花卉：侧光下拍摄会有丰富的影调

从用光的角度来说，无论是前侧光、正侧光还是后侧光，这些光照射到一些透明或者半透明的景物上都可以产生非常丰富的影调层次，在拍摄的主体表面形成明显的分界线，受光面明亮，背光面影调比较深，颜色比较暗，这样就特别容易让画面有丰富的影调层次和立体感。侧光是花卉摄影常见的一种用光技巧。所谓侧逆光，是指光源从花朵侧后方照射，它与逆光有异曲同工之妙，但是它对于光效的控制比逆光要简单很多。

下图表现的是侧光下的花蕊，可以看到画面采用恰当的光比反差，让色彩也变得更浓郁。

草木花卉：逆光拍花的技巧

在逆光下拍摄花卉时，因为花朵的花瓣比较单薄。一般不会拍出剪影的效果，而是会拍摄出花瓣被光线穿透的透光效果。这种透光会让花瓣自身的色彩、纹理等都比较清晰、晶莹剔透。

建议采用侧逆的角度进行拍摄，这样可以兼顾画面的立体感和质感，让花朵呈现出更美的一面。此外，逆光拍花时，背景往往会比较亮，为获得更好的效果，可以适当增加曝光补偿（即"白加"），这样才能更好地还原现场效果，并且会让背光的花朵主体得到足够的曝光值，产生合理的明暗。

草木花卉：散射光环境拍花的要点

散射光与顺光有些相近。在散射光下拍摄花卉时，花卉会显得非常柔和，将整个花朵表面的纹理、细节和色彩还原得非常到位。如果借助长焦镜头拉近，可以将表面的细节表现完整，并让整个花朵花蕊部分呈现出强烈的质感。

在散射光下，花朵的色彩及花蕊的纹理都有较好的表现。

草木花卉：密林中怎样表现太阳

在密林中拍摄时，如果能透过树的缝隙拍到太阳，往往会得到意想不到的效果。具体来说，就是要让太阳呈现出强烈的星芒效果。

在实际拍摄过程中，找到太阳的大致位置后，要多次微调角度，让光源从树叶缝隙中透出，这样才能表现出星芒效果。

要拍出光源的星芒效果，对于光圈也有较高的要求，一般来说，光圈设定为 f/10、f/11、f/13 时，星芒的效果会更好一些。

另外，广角镜头的星芒效果往往要好于长焦镜头。

草木花卉：利用烟雾拍出迷人的"耶稣光"

"耶稣光"是指强烈的光源遇到遮挡时，遮挡物背后（也就是我们拍摄的环境）的光线会变暗，它与强光源一侧形成一种明暗的反差。明亮的光源透过遮挡物的边缘照射到暗面时，光线照射的路线呈现较为明亮的状态，最终就表现出了"耶稣光"的效果。"耶稣光"也称为丁达尔光，是一种非常迷人的自然光线。在野外拍摄时，尤其是太阳初升时分，夜晚的水汽经过光线的照射蒸腾起来，这种"耶稣光"会更加明显。如果太阳升起一段时间之后，随着光线变得越来越强，地面的水汽逐渐消失，那么"耶稣光"会变弱。可以通过一些人为的手段来强化这种光线的效果。

如下图所示，因为拍摄的时间比较晚，早晨的"耶稣光"已经逐渐消失。为了强化这种效果，我们自带了烟饼进行"燃放"，从而拍摄出这种林间仙境的感觉。需要注意的是，秋季的森林中，防火是非常重要的，不能使用真正的可燃物，而烟饼这种道具是非常好的选择。可以看到从画面左上方投射下来的"耶稣光"，照射到地面上，给人宛如仙境般的视觉感受。

城市风光：拍摄刚入夜时的城市画面

　　一般来说，日落之后但天色还没有彻底黑下来的这段时间可能比较短暂，但却是拍摄城市风光最理想的时间段。因为在这个时间段，天空仍有余晖，呈现出红、橙、黄等暖色调，而地面已经开始变黑，亮起了灯光。在最终拍摄的画面中，城市的灯光与自然界中的太阳光线交相辉映，画面会显得非常漂亮。从另一个角度说，此时因为没有光线的直射，整个场景的反差变小，曝光也相对容易控制，地面上没有光线照射的区域也没有完全黑下来，更容易得到充足的曝光，确保画面有更丰富的细节。

　　下图所示的照片中，天空的云霞非常壮观，地面的建筑已经亮起了灯光，车辆在行驶过程中留下明亮的轨迹，画面色彩非常瑰丽。

城市风光：城市风光的高反差控制

在蓝调时刻，城市开始慢慢入夜，地面上的灯光开始亮起，虽然蓝调时刻城市绝大部分区域明暗反差仍然不是特别大，背光处与受光线照射的一些区域的明暗反差在可控范围之内，但实际上仍然有一些比较明亮的广告牌或照明灯具有非常高的亮度，这些高亮的区域在曝光时就非常容易产生过曝的问题，导致出现大片"死白"的光斑。为了控制这种高亮区域与背光区域的高反差问题，在实际拍摄时，即便是蓝调时刻，只要地面亮起了灯光，就应该采用包围曝光的方式拍摄，最终在后期进行 HDR 合成，使高光到最黑区域都有准确的曝光效果，得到足够丰富的影调层次和完整的细节。

城市风光：拍摄城市的星轨画面

　　城市风光并不是只有街道的车辆和建筑可以拍摄，遇到晴朗无云的天气，在夜晚拍摄城市风光时还可以借助天空中的星星或月亮来搭配地面的景物，让画面给人一种斗转星移、世事沧桑的心理暗示。

　　下图所示的照片中，可以看到地景中有现代化的楼宇和充满年代感的古建筑白塔，而天空中则是旋转的星轨，最终画面就会有一种斗转星移的历史穿越感。虽然画面的形式不是特别优美，色彩也稍显杂乱，但画面的主题是非常有意思的，因此，整体表现力非常好。

城市风光：记录车辆灯光的痕迹

　　拍摄夜景时，慢速快门是必不可少的。此时整个场景比较昏暗，如果要设定较低的感光度，保证画面有较好的画质，就需要使用慢速快门进行拍摄。在慢速快门下，车辆灯光会拉出长长的线条，交织出一条条如动脉般的城市道路。

　　下图所示的照片表现的是城市主干道如织的车流，车轨的效果非常壮观，由近及远分散到城市各处。

城市风光：建筑内部的穹顶与旋梯

在城市中拍摄一些现代化的建筑与街道，能够营造出一种繁华时尚的感觉。也可以在一些非常高大的现代化建筑内部，拍摄建筑物的穹顶或其他的局部，从而表现出这些穹顶和局部的光影之美和设计之美。

另外，有些建筑内部会有非常漂亮的旋梯，拍摄时可以突出表现设计之美，以及光影与线条之美。

城市风光：凸显建筑的表面质感

　　借助光影可以表现出景物非常强烈的质感。对于光影的要求，大多数是要有较低的照度。所谓较低的照度，是指光线的方向与景物表面的夹角很小，这样景物表面的一些纹理更容易拉出长长的影子。借助这种纹理表面的影调变化，才能表现出更好的质感。

　　如下图所示，拍摄场景中太阳接近于顶光照射，太阳光与地面的夹角非常大，与建筑表面的夹角却非常小，因此，建筑表面的一些材质结构和纹理就拉出了很好的影子，从而强化建筑表面的质感。

第 8 章
自然光人像的
用光技巧

本章介绍在自然光线条件下，人像摄影用光的技巧。

逆光下拍出漂亮的发际光

　　在室外拍摄人像时，逆光是非常完美的光线。因为在逆光下拍摄，画面往往会有比较强烈的光影效果，影调层次会非常丰富。逆光照射人物时，人物的衣服及头发的边缘会有一些半透明区域，这些半透明区域会因为太阳光线的照射产生透光的效果，显得比较亮，它会勾勒出人物的轮廓，并且在人物的发丝边缘形成漂亮的发际光，让画面有一种梦幻的美感。

　　从另一个角度说，逆光拍摄时，人物面部是处于背光的状态，无论明暗都是比较均匀的，后续只要对人物面部进行补光，照亮人物面部，就可以得到非常漂亮的画面效果。最终让画面具有丰富的影调层次，人物的面部也比较清晰，还有漂亮的发丝光，画面整体呈现出一种梦幻的美感。

拍出漂亮、梦幻的光雾人像

　　逆光进行拍摄，如果不使用遮光罩或让大片的太阳光线出现在取景范围之内，可能会在拍摄的照片中形成大面积的光雾效果。这其实与发丝光的作用相似，大片的光雾会让画面产生如梦似幻的效果，与漂亮的人物进行搭配，画面整体效果会非常唯美。

为什么要使用反光板补光

　　逆光拍摄时，画面整体的光影效果非常强烈，而人物的正面处于背光的阴影中，虽然受光部位和暗部都比较均匀，但亮度不够，因此需要进行补光。通常情况下，比较理想的补光器材是反光板。借助反光板，柔和的光线可以照亮人物面部，让人物面部呈现出非常柔和的画质和亮度。

　　如下图所示，在这个场景中，人物的右后方有照射光源，这样就会使人物面部处于背光状态，因此，需要借助反光板进行适当的补光，这样才能让人物眼睛及面部有充足的亮度。

散射光下是否需要使用反光板

　　无论是直射光还是散射光，都会有一定的方向性。直射光的方向性比较强烈，而散射光虽然方向性不是很强烈，但如果控制不好取景角度，仍然会导致人物面部曝光不够理想，因此需要对人物面部进行补光。

　　如下图所示，虽然是散射光环境，但明显光线是由画面远处向近处投射的，这样人物面对相机的一面就会曝光不足，不够明亮。因此，在实际拍摄过程中，有条件的前提下，仍然要使用反光板对人物正对相机的一面进行补光，让这部分得到充足的亮度。

侧光人像的画面特点

用侧光拍摄人物时，如果侧光的强度非常高，可以在人物面部以鼻梁线为分界线，产生强烈的明暗对比。这种强烈的明暗对比，不利于表现人物面部的柔美和完美的五官脸型，但是强烈的明暗对比和影调层次可以为人物渲染某些特定的情绪，搭配人物特定的表情和动作，可以让画面整体传达出一些与众不同的情绪，让画面变得更加耐看。

斜射光人像的画面特点

　　斜射光非常利于表现所拍摄对象的轮廓，因为它既能呈现出丰富的影调层次，又能在一定程度上兼顾所拍摄对象的表面质感和纹理细节。拍摄人像时，斜射光并不多见，即便斜射光能够勾勒人物的面部轮廓，它也会在人物面部产生一些强烈的明暗阴影，让人物面部显得不够柔和，不够漂亮，如果这时进行补光，人物的眼睛、鼻子下方等一些浓重的阴影与周边的区域并不是十分容易调和。

　　在拍摄人像时，尽量使用前斜射光来表现人物的面部轮廓。

让人物迎着光源打造眼神光，让画面更有神采

　　无论是在室内还是在室外拍摄人像，一定要保证人物所面对的方向上有一些光源。只有这样，才能确保在最终拍摄的照片中人物眼中才会出现眼神光。只有出现了眼神光，画面整体才会活起来，人物才会显得更有精神。

　　在人物背光时，如果盲目直接拍摄，人物的眼睛中就会没有眼神光，画面就会拍摄失败。在这种情况下，可以在相机周边放置一个很小的点光源或反光板，这样最终拍摄的照片中，人物眼中就出现了眼神光，画面就会更有神采。

林中拍摄人像要注意什么问题

在窗前或密林中拍摄人像，要选择合适的时间。在黄金时间（清晨和黄昏）拍摄人像，可以利用柔和的光线，为照片添加层次感和温暖的色调。尽量使用大光圈拍摄，这样可以模糊背景，突出人物，使观众的注意力集中在主体上。要避免斑驳的树荫或窗口的阴影在人物面部产生阴影，造成不够干净的光影效果。一旦出现了斑驳的阴影，导致人物出现花脸的问题，不仅照片整体会给人不舒服的感觉，后期处理的难度也会比较大。在林中拍摄人像时还应使用反光板来补充光线，提亮阴影部分，使人物更加立体。

此外，在树木环绕的树林中拍摄时要注意安全，避免被树枝等刮伤。

散射光人像的特点

散射光人像的特点是柔和、细腻、真实、层次感强，能够传达出温柔、亲切的情感。在拍摄人像时，如果能够合理利用散射光，可以创作出非常优秀的摄影作品。

散射光人像的特点主要表现在以下几个方面。

（1）均匀柔和。散射光线非常均匀，不会产生强烈的阴影或高光，因此画面看起来非常柔和，适合表现温柔、细腻的氛围。

（2）色彩还原度高。散射光能够均匀地照亮拍摄对象，不会产生明显的色彩偏差，因此，能够较好地还原拍摄对象的真实色彩。

（3）细节表现丰富。由于散射光能够均匀地照亮拍摄对象，所以在拍摄人像时能够展现出丰富的细节特征，如皮肤的纹理、头发的光泽等。

（4）画面层次感强。散射光能够产生明暗过渡均匀的画面效果，使画面看起来更有层次感。

（5）情感表达温柔。由于散射光能够营造柔和、温暖的氛围，所以拍摄出来的人像照片通常能够传达出温柔、亲切的情感。

借助窗光打造唯美人像画面

在室内拍摄时，如果在自然光下拍摄，窗光是最佳选择，借助窗光可以打造非常完美的室内人像。窗光的方向性很强，有助于让画面呈现出非常明显的光影效果，丰富画面的影调层次。

另外，经过玻璃或窗帘的过滤，窗光会变得更加柔和，有助于让人物及整个画面表现出更多的细节和层次。当然，选择窗光时也会有所讲究：如果是朝南的窗户，有直射光照射时窗光就会比较强，它更有利于营造一些侧光的人像效果，表现一些特定的情绪和氛围；如果是朝北的窗户，入射的光线是散射光，更有利于表现人物优美的身材及面部五官等。

要避免服饰与环境过度相近

　　在室外拍摄人像，选择衣服和拍摄场景时，一定要提前做好准备。要避免服饰的色彩和明暗与环境过度相近，否则，拍摄出来的照片往往不利于突出主体人物，画面效果可能不会特别理想。

　　如果面对的恰恰是背景与人物自身的色彩和明暗相近的场景，比较好的选择是采用大幅度虚化背景的效果来突出主体人物。

强光下戴帽子拍摄有什么好处

　　风光题材更侧重于在早晚两个时间段进行拍摄，而人像摄影即便是在中午也可以拍摄，因为人像摄影更追求光线的通透和干净，对于光线的色彩没有太多要求。如果在接近中午或中午进行拍摄时，可能是一种顶光的环境，在这种情况下，在室内或密林中拍摄会有更好的效果。如果没有遮挡物，可以让人物戴一顶大帽檐的帽子或打一把遮阳伞，遮挡强烈的顶光，从而让人物的面部有更均匀的光影，呈现出更为完美的面部五官和表情。

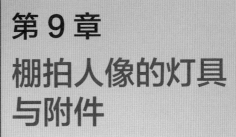

第 9 章
棚拍人像的灯具与附件

在影棚内拍摄人像时，往往会用到一些灯具，并借助一些专用附件来进行拍摄，本章将介绍这些常见灯具和附件的功能、特点和使用方法。

三基色灯的特点及用法

三基色灯又称三基色荧光灯或三基色冷光灯，是通过使用 R（红）、G（绿）、B（蓝）三种颜色光谱的灯管而发光的灯具。三基色灯的特点是寿命长、温度低、功率小、色温相对准确、照射光线较柔和、价格较便宜。一些家用的节能灯泡也常采用这类灯具。

在人像摄影中，这种灯具往往以套装的形式出现在拍摄现场，配套反光罩或柔光箱进行照明，一般需要两盏灯或三盏灯。三基色灯的成本低廉，并且非常方便，适合在一些非专业的影棚内进行快速拍摄。

如果想让光线更加柔和，可以适当使用柔光罩。柔光罩的作用是让光线更加均匀地照射在人物上，减少阴影和反差，使照片看起来更加自然柔和。

三基色灯可以发出红、绿、蓝三种颜色的光线，因此，在拍摄时需要注意颜色的搭配。一般来说，可以选择与拍摄主题相符合的颜色，或者通过不同颜色的搭配来营造出特殊的氛围和效果。

LED灯的特点及用法

LED 灯又称发光二极管，是一种能够将电能转换为可见光的固态的半导体器件。LED 灯的特点是节能环保，相对于三基色灯更加省电，使用寿命也更长。

LED 灯可以自由调节灯光的强度，而且比较方便携带，色温也可以在 3200K~5600K 范围内调整。LED 灯适用于演播室、微电影，以及产品、人像摄影。

在灯前放置色片，可以营造出更具创意的画面效果。

机顶（热靴）闪光灯的特点及用法

机顶闪光灯属于单次闪光灯，可以安装在相机顶部的热靴上。

与三基色灯和 LED 灯相比，机顶闪光灯在便携程度和稳定性方面更具有优势，可以随时携带，并且可以在任何环境中拍摄。另外，这类闪光灯还有寿命长、输出稳定等优点，部分品牌型号的机顶闪光灯还具备一定的高速闪光功能，能够很好地应用在拍摄中。

需要注意的是，机顶闪光灯在闪光时的强度非常高，因此，一般要在灯头前装柔光片等附件，或是采用跳闪（将闪光方向对准周边，借助反光对人物补光）、引闪的方式来拍摄。

下图所示的照片就是采用了跳闪的方式，将闪光灯对准反光板闪光，借助反光对人物正面进行了补光。

影棚闪光灯：单灯头的特点及用法

影棚闪光灯的原理是通过电容器存储高压电，之后通过脉冲触发使闪光管放电，完成瞬间闪光。影棚闪光灯的色温约为 5500K，接近白天阳光下的色温。

国产的闪光灯通常有神牛、金贝、金鹰、U2、海力欧等品牌。它们的价格相对于进口灯比较便宜，适合于初期建设影棚选用。这类灯具操作简洁，能够满足绝大部分的广告摄影应用。

进口影棚专业摄影灯有保富图（Profoto）、康素（Hensel）、布朗（Broncolor）、保荣（Bowens）等品牌。这些灯具品牌都能够发挥专业的用途，输出更加稳定，光线的塑造能力强，能够满足一线的品牌和高端客户影像的需求，另外，还能提升整个摄影棚的档次，但是它们的价格相对来说比较昂贵，动辄上万元，主要适用于较专业的高端领域。

根据灯具结构的不同，影棚闪光灯分为单灯头和分体电源箱。

单灯头的优点是轻便，易于操作，全部调节开关都在灯头上，这使得摄影师在操作时更为便捷。灯头内通常装有闪光同步器，可作多灯闪光同步，输出功率也可以调节。

单灯头既能作为主要照明设备使用，也能配合其他摄影设备一起用，提供更好的拍摄效果。总的来说，影棚内的单灯头是一种功能强大、使用方便的照明设备，是专业摄影工作不可或缺的重要工具之一。

然而，单灯头也有其局限性。例如，其调节光质的附件可能不如大型闪光灯丰富和灵活，同时其功率也可能无法满足所有摄影需求。

影棚闪光灯：分体电源箱的特点及用法

　　分体电源箱也是一种影棚闪光灯，与单灯头将电源输入、功能调节、开关旋钮、闪光输出等结构综合于一体不同，分体电源箱是把灯头和调节按键分开，灯头功率等功能的调节通过电源箱完成，解决了灯头悬挂在较高的地方不方便随时调节的问题。

　　这种类型的闪光灯的电源箱与灯头分离，其操作控制部分也都装在电源箱的顶部面板上。

　　一个分体电源箱可插接两个或两个以上的闪光灯头，各闪光灯的输出功率因品牌和型号不同而异。

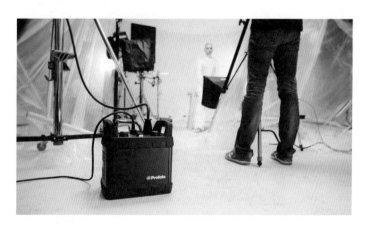

反光罩的特点及使用效果

影棚灯的最大特点之一是可以利用一些附件组合成不同的光效，并且附件的种类繁多，例如，进口灯具品牌保富图有超过 120 种附件可供选择，被称为光线塑造工具。

专业的影棚灯附件包括反光罩、柔光箱、反光伞、雷达罩、锥形聚光罩、蜂巢导光罩、四页挡板、色片等。

反光罩是常使用的灯具附件。这类附件内壁具有反射率极高的镀银或镀铬涂层反射面，有的反射面平滑，有的为均匀的斑状起伏，前者反射光线强硬，后者稍柔。反光罩按照照射面积的差异还具备不同的角度，标准反光罩的反射角为 70° 左右，聚光型反光罩的反射角通常为 50° 以下，广角型反光罩的反射角多为 100° 以上。

下图及右图所示为 3 种主流反光罩，以及借助反光罩拍摄的人像照片。

标准反光罩

聚光型反光罩

广角型反光罩

柔光箱的特点及使用效果

柔光箱主要用于人像摄影和静物摄影，它能消除照片上的光斑和阴影，使肤质表现得非常细腻，光照面积大且不会在模特后边形成硬硬的黑影边，看上去非常柔和舒服。此外，柔光箱也用于商业产品摄影。

柔光箱多为折合式，使用时展开，拍摄完毕后可以收起。柔光箱的骨架为金属结构，轻便、抗热。箱体材料多为帆布或牛津布，内填充柔光布，箱体开口大，多为可调节式，能柔化生硬的光线，使光质变得更加柔和。

柔光箱的原理是在普通光源的基础上通过一两层的扩散，使原有光线的照射范围变得更广，使之成为漫射光，变得柔和。下图所示为柔光箱，以及借助柔光箱拍摄的人像照片。

反光伞的特点及使用效果

　　反光伞是一种专用的反光附件，通常被用来反射光线，改变光质，获得比泛光灯更柔和且方向性更弱的光线。

　　反光伞有不同的颜色可供选择，常见的有银色、白色、金色和蓝色等不同颜色的伞面。白色和银色的伞面不会改变闪光灯光线的色温，而金色的伞面会使色温适当降低，蓝色的伞面则会使色温适当提高。

　　使用时，将伞安置在可以变换角度的云台上，然后用强光灯照射伞内，其散射出的光线很柔和，阴影也比较淡。

　　反光伞具有不同质地和规格，使用时一般把伞柄插在或装在灯头上。

　　下图所示为反光伞，以及借助反光伞拍摄的人像照片。

雷达罩的特点及使用效果

雷达罩是一种环形反光罩,光质中性,比柔光箱稍微硬一点。雷达罩主要用于人像妆容摄影,其发出来的光线明亮柔和,使人物皮肤反差适中,柔润细腻,阴影过渡良好,因此也被称为"美人碟"。

雷达罩有助于产生反差较大却又不会对比过度的光线,并且模特脸部高光部分的细节也能够得到很好的还原,用来打眼神光也更加自然。

下图所示为雷达罩,以及借助雷达罩拍摄的人像照片。

八角罩的特点及使用效果

　　八角罩与柔光箱相似，两者的原理与功能都基本相同。

　　相对于柔光箱，八角罩具有更大的散射面积和柔和度。它近似圆形，可在人物眼睛中营造出引人入胜的眼神光，充满自然的感觉，还能营造出柔和、羽化的光线，常应用于时尚、美妆和肖像摄影。

　　下图所示为八角罩，以及借助八角罩拍摄的人像照片。

锥形聚光罩（束光筒）的特点及使用效果

　　锥形聚光罩也称束光筒。它以锥形约束光线照明范围，能够更好地拍摄出物体的形状和轮廓，套上小型蜂巢网格可让光线呈网格状，并产生较重的阴影，便于特殊造型。锥形聚光罩多用于打背景、打头发轮廓等需要集中光点的部分。

　　这类附件可以获得直射、强烈、平行的小面积的集束光，用于减小光源的照射面积的局部布光。锥形聚光罩在摄影人造光源中主要作为辅助光出现。

　　下图所示为锥形聚光罩，以及借助锥形聚光罩拍摄的人像照片。

其他附件的特点及使用效果

1. 蜂巢导光罩

标准反光罩、窄角反光罩、广角反光罩和雷达罩上均可装接蜂巢导光罩。

蜂巢导光罩的主要作用是限光，可以将灯头发出的漫射光遮挡，只输出向正前方的直射光，即减少照射角度，这样可提供清晰的受光面。

不同规格的蜂巢导光罩

2. 四页挡板与色片

四页挡板的主要作用是遮光、限光，即将灯具发射出的光限制在理想、有效的照明部位，而把其余光遮挡住，以免干扰或破坏造型效果。

大部分四页挡板可装接不同颜色的色片，用于营造不同的光线效果。

3. 引闪器

引闪器主要配合各种型号相同的灯具使用，一般由触发器和接收器两部分组成。发射器安装在相机热靴上，接收器连接其他闪光灯灯具。

绝大部分引闪器可以调整信号发射、接收频率，方便同一区域不同影棚的灯光使用。引闪器通过调整通道改变频率，灵活地分组，就可以做到多个影棚不相互干扰。

第 10 章
影棚内的布光理论与技巧

掌握了影棚内的各种灯具和附件相关知识后，摄影师还要学习一些常见的用光理论与技巧，这样才能拍出好看的棚拍人像照片。

主光的功能与画面效果

光的效果在画面表现中有不同的种类，也有分主次之分，下面介绍摄影光种的概念。摄影用光可分为主光、辅助光、轮廓光、背景光和修饰光5种，下面通过拍摄进行逐一介绍。

主光是摄影中占支配地位的光线，通常被视为"基调光"或"造型光"，用于描述照明拍摄对象的主要光线。主光决定了照片的"调子"，即高调或低调，并且其位置会产生高光和阴影所形成的造型轮廓。

主光标示主要光源的特性和投射方向，用来表现人物的形态、轮廓和质感。对拍摄对象的塑造，主光起决定性作用，其他光线起陪衬作用。

辅助光的功能与画面效果

　　辅助光又称负光，主要用来补充主光的不足，以提高暗部的亮度和暗部的质感，并调整背射物体的明暗反差。

　　天空的漫射光或环境的反射光，以及闪光灯所造成的光线或一块反光板，都可以达到补光的作用，都可以作为辅助光。

　　在使用辅助光时，可以采用以下几种方式。

　　（1）使用软光箱或反光板。将软光箱或反光板放置在合适的位置，反射主光，使光线更加柔和均匀地照射在模特身上。

　　（2）使用补光灯。补光灯可以用来补充主光的不足，使画面更加明亮。同时，通过调整补光灯的角度和亮度，可以控制画面的明暗反差。

　　（3）使用柔光罩。柔光罩可以减少主光的硬度和反差，使画面更加柔和。

　　在使用辅助光时，需要注意以下几点。

　　（1）辅助光的亮度应该低于主光，以免影响主光的效果。

　　（2）辅助光应该与主光配合使用，以获得最佳的拍摄效果。

　　（3）辅助光的颜色应该与主光的颜色相匹配，以避免出现色差。

　　（4）辅助光应该根据拍摄需要进行调整，以获得最佳的拍摄效果。

轮廓光的功能与画面效果

人像摄影中的轮廓光是一种重要的光源，它可以突出拍摄对象的轮廓，在一定程度上拉开人物与背景的空间距离，增强画面的空间感。

轮廓光的设置通常是在主光的基础上，使用聚光灯或软光箱等工具，将拍摄对象的轮廓照亮。这种光线通常是从侧面或侧逆方向照射的，以便更好地勾勒出拍摄对象的轮廓，强调人物的轮廓和立体感。

对于一些脸部轮廓较为明显的模特，轮廓光的使用可以使他们的脸部特征更加突出。此外，轮廓光还可以用于强调拍摄对象的某些部位，如头发、肩膀等，以突出其特点。

轮廓光的设置要根据拍摄的主题和风格来决定。如果过度使用轮廓光，可能会使拍摄对象看起来僵硬或不自然。

另外，当轮廓光太靠近逆光的方向时，就容易出现镜头的冲光，会产生不必要的辉雾或光斑。尤其是使用一些透光率比较低的 UV 镜，会让这种情况更加明显，因此，在运用轮廓光时，一定要尽可能使用遮光罩并摘除 UV 镜，保证这种轮廓光的纯净度。

背景光的功能与画面效果

　　人像摄影中的背景光是营造人物与背景氛围的重要元素，主要通过打亮背景（光线的方向是打向背景，而不打向拍摄对象）来分离人物与背景，使主体更为突出。在人像摄影中，背景光通常位于拍摄对象的后方，并从背景的相反方向投射过来。例如，当背景为深色时，光应打在浅色的背景上，从而在摄影作品中将人物与背景区分开来。

　　在使用背景光时，需要注意控制光线的强度和颜色。如果背景光过亮，可能会影响人物主体的表现力；如果颜色过暖或过冷，也可能会影响整体的色调和氛围。因此，摄影师需要根据实际情况进行调整，以达到最佳的拍摄效果。

　　主光加上背景光就可以呈现很好的画面效果。如果在背景光前加入色片，可以营造出更丰富的画面色彩。

修饰光的功能与画面效果

　　修饰光又称效果光，主要用来弥补布光的不足或突出和夸张某些局部，以达到调整和美化形象的目的。

　　可以先想象一下，如果拍摄对象戴了一个耳环，为了修饰这个耳朵的局部，就可以使用这种修饰光来照射人物的耳朵，进行局部的强化和突出。

　　如下图所示，在拍摄时添加一个束光筒，射出一束比较狭窄的光线，投射在耳朵这个局部，也就弥补了主光所出现的不足，让我们能够更精确地感觉到画面中局部的影像效果。

平面光的光位图与画面效果

在影棚中拍摄人像时大都使用常亮灯或闪光灯这类人造光线，通过灯的数量、不同的灯具附件及灯光的远近调整，形成丰富多样的光效。掌握了灯光的使用原理和布光规律，就能够拍摄出动人的质感大片。

下面介绍人像摄影中常用的平面光、蝴蝶光、高低光、伦勃朗光，以及较特殊的侧面人像用光、阴阳光、剪影光等用光的技巧。

首先从平面光开始学习。人像摄影中的平面光是一种常见的布光方式，它主要用于在拍摄对象的面部产生均匀的照明效果。这种光线可以使拍摄对象的面部特征更加平滑，减少阴影和对比度，从而创造出柔和、自然的照片效果。

平面光有两种布光方式：第一种是在相机机位的纯正面布光，如机顶闪光灯就是典型的纯正面打光，也可以在拍摄对象的正面放置一个光源，如软光箱或漫射器，柔和地照亮面部；第二种是在人物前方左右两侧以45° 左右打光，也称为八字形布光。

单灯正面照射的平面光，虽然简单，但人物面部会严重缺乏立体感。双灯的平面光稍复杂一些，但整体的画面效果要好很多。

平面光拓展：证件照与形象照

　　平面光适合作为证件照及形象照的布光。证件照的布光相对简单，在双灯布光的前提下，背景搭上蓝色或红色背景，就可以快速完成拍摄。

　　在简单的双灯平面布光基础上，再进行拓展，通过一盏背景灯，可以为画面营造出更强的立体感，适合拍摄一些个人的形象照片。

　　当然，除上述两种拓展应用外，平面光的应用还有很多，这里就不再过多介绍了。

蝴蝶光的光位图与画面效果

　　下面讲解人像布光中的蝴蝶光，以及在这种光效下各类拓展布光方法。光源在人物正前方，由上向下以约 45°对着人物脸部照射，就可以产生蝴蝶光效。蝴蝶光效的特点是在人物的鼻子和颧骨下方投有对称的阴影，因为投影的形状像展开翅膀的蝴蝶，所以把它称为蝴蝶光。

　　蝴蝶光产生的明暗关系非常适合塑造人物脸部的线条，使人物的脸型更加显瘦，面部五官明亮而富有塑造感，所以蝴蝶光也称为美人光。蝴蝶光很受摄影师和模特的欢迎，也是比较流行的布光方式。

蝴蝶光拓展：宽光与窄光的画面效果

根据之前讲解的不同灯具附件的特点，可以分析出不同光线照射时，利用蝴蝶光拍摄的画面效果会有较大差别。

先以标准罩为代表的窄光拍摄，再以八角罩为代表的宽光进行拍摄，两者得到的画面效果差别会很大。通常，建议以宽、柔的光线作为主光进行拍摄。

左下图所示为窄光效果，右下图所示为宽光效果。

在人物前下方补充一个辅灯，添加柔光罩，由下斜向上照射，可以为鼻子、下颌下方补光，让画面的效果更完美，如右图所示。

蝴蝶光拓展：布光方式

　　确定蝴蝶光的主光之后，就可以在人物身后添加各种修饰光、辅助光或背景光，从而营造出丰富的画面光影变化。

　　下面展示了 3 种在蝴蝶光基础上拓展出的布光方式与画面效果。

　　蝴蝶光可以演变出多种微妙的光效，为人物的额部、两颊、鼻子和眼睛提供均匀而美丽的照明。总结一下蝴蝶光的特点：高角度正面布光，突出人物面部的 T 形区，同时，加深人物脸颊阴影，让人物的脸型对称变瘦。

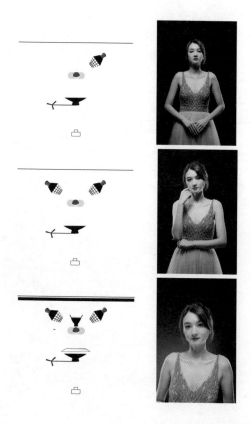

高低光的光位图与画面效果

下面讲解高低光布光方式。

高低光由一个主灯加一个辅灯组合实现，主灯光以 70°~80° 向下投射；辅灯在主灯的正下方，向上照射，功率（光的强度）要小于主灯。由于这种布光方式是采用一上一下的高低位置来放置光源的，因此被称为高低光。

高低光的上下两灯距离和强弱是根据现场人物情况调整的，位置和光比相对自由，因此，有时候也称之为自由光。这种布光方式是影棚拍摄白底商业服装人像的主要布光方法。

在商业服装拍摄中，为了保证人物全身亮度均匀，尤其是保证人物的服装色彩一致，需要达到均匀的光线量，可以通过测光表将两灯的光线强度调节平衡（注意，并不是要求功率完全相同，而是让画面亮度变得平衡）。

高低光拓展：布光方式

通过两盏背景灯照亮背景，并且将这两盏背景灯的功率调高，可以得到白底的高低光效果。

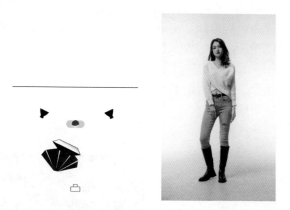

对于背景灯，可以添加一些遮光的附件，从而营造出一些比较特殊的画面效果。

总结一下高低光的特点：主光和辅光一上一下高低放置，根据人物的受光亮度进行均衡调节，达到上下均匀的效果。

伦勃朗光的光位图与画面效果

本节讲解伦勃朗光的相关知识。伦勃朗是荷兰著名的画家，伦勃朗式用光是一种专门用于拍摄人像的特殊用光技术。拍摄时，灯光照亮脸部的3/4。以这种用光方法拍摄的人像酷似伦勃朗的人物肖像画，因而得名。

伦勃朗光依靠强烈的侧光照明，使拍摄对象脸部的任意一侧被照亮，另外一侧最明显的视觉效果是在人物面部的脸颊上形成一个明亮的倒三角区域。

通过光位图可以看到，伦勃朗光的光位是偏向于侧光 70°~80° 范围，因为人的胖瘦和骨骼结构略有差异，所以，具体的光照角度可以通过寻找面部的倒三角来确定。

伦勃朗光拓展：布光方式

布置好伦勃朗光之后，在人物侧后方布置一盏用于修饰的灯，照亮人物侧后方，这样会让人物的立体感更强一些。

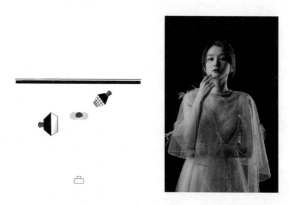

在人物的斜前方添加一盏灯，向外侧照射反光板，将光线进行一次反射，将反射光作为主光，会得到更柔和的光线，光位图和画面效果分别如下图所示。

总结一下伦勃朗光的特点：伦勃朗光的应用重点是寻找侧光照射下人物面部的倒三角区域，这样会显瘦并具有较强的立体感。

侧面人像用光的光位图与画面效果

本节讲解侧面人像用光相关的知识。侧面人像用光是指拍摄人物侧面时的用光方式。相对于前讲到的平面光、蝴蝶光、高低光和伦勃朗光来说，这种场景并不常见。

侧面人像用光可以勾勒出人物侧面的五官轮廓，同时又会带来强烈的立体感和空间感，让画面细节和层次异常丰富。

通过光位图可以看到，侧面人像用光的光位是建立在正侧光的基础上的，一般在侧面 90° 前后的位置打光。为了凸显人物的轮廓，侧面人像一般情况下选择黑色或深色背景。

侧面人像用光拓展：布光方式（1）

拍摄侧面的人像时，布置好主光；人物后方放置一盏带有色片遮挡的灯，斜向照射背景，人物身后的这盏灯就会兼具背景灯与修饰灯的效果。从实拍的画面来看，背景与人物的背面都会被渲染上遮光片所带来的色彩效果，让画面变得更有特点。

下图所示为红色色片的光位图，以及具体的实拍效果。

人物身后放置一个窄条柔光箱，照亮人物背部，会让画面呈现更多细节层次，人物的立体感会更强。

侧面人像用光拓展：布光方式（2）

继续使用两个柔光箱，一个作为主光，另一个在人物身后作为辅光，在这种布光的基础上，放置一个带有栅格的背景光，这样可以让画面呈现出更丰富的影调层次，并且可以起到衬托主体，以及渲染环境和气氛的目的。

改变背景灯的栅格密度与形状，可以营造出其他效果。

总结一下侧面人像用光的特点：人物侧面站立，突出人物面部和身体线条，侧面 90° 打光，体现轮廓光感。

阴阳光的光位图与画面效果

　　本节讲解阴阳光相关的知识。阴阳光本质上是一种侧光，在强烈侧光下，人物面部一半受光，另一半不受光，因此也被称为"阴阳脸光效"，这是一种比较富有个性的光线。

　　阴阳光光效可以形成鲜明的明暗对比效果，具有很强的立体塑造能力，对于人物眼睛、鼻梁、嘴形和身体外形有生动的表现力。相较于伦勃朗光等其他侧面角度的效果，阴阳光在画面中产生了更大比重的阴影区域，影调比伦勃朗更加深重。

　　通过光位图可以看到，阴阳光是建立在正侧光的基础上的。

　　布光时将主光放置在人物脸部的正侧面，照射人物脸部，形成一条以人物的鼻梁为分界的明暗中分线。不同光质的光线对于阴阳光的塑形效果有较大的影响。当然，如果光源采用柔光箱，那么暗部阴影可能会轻一些，但整体的画面反差仍然会较重。

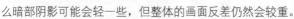

阴阳光拓展：布光方式（1）

搭建好阴阳光之后，可以在人物的另外一侧放置一个反光板，通过反光板对暗部进行补光，这样会让人物背光一面的暗部呈现出更多细节。

阴阳光拓展：布光方式（2）

关于阴阳光，还有一种比较特殊的应用。具体来说，是在人物侧后方各放一个窄条柔光箱进行照明，这样会在人物正面形成中间暗、两侧亮的画面效果。

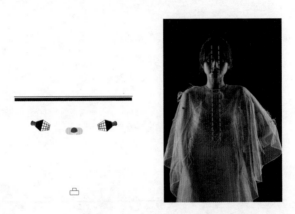

为优化这种中间暗、两侧亮的阴阳光效果，可以在人物正面放置反光板，为人物正面补光。最终营造出奇特、有创意性的画面效果。

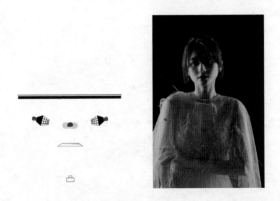

总结一下阴阳光的特点：正侧面布光，明暗对比效果强烈；阴阳光也属于特殊用光，应注意人物反差，及时进行必要的补光。

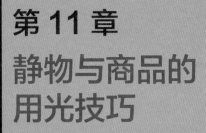

第 11 章
静物与商品的
用光技巧

通过之前的学习，我们掌握了各种棚拍灯具、附件的特点，也学习了主光、辅光等不同的光线种类，这就为静物与商品的用光打好了基础，因为棚拍灯具、附件及光种等相关知识都是相通的。我们只要针对静物与商品各自的材质特点和拍摄要求来合理用光，就能得到比较理想的效果。

窗光静物的特点

在室内拍摄静物类题材时，如果没有特殊的灯具或补光设备，借助窗光直接进行拍摄也是比较好的选择。唯一需要注意的是，要为所拍摄的对象准备一个干净的底面和背景，然后用窗光照射拍摄对象，并借助窗光的照射线路来组织和串联所拍摄的各种不同对象，这样既可以拍出非常干净的画面效果，又可以让不同对象之间有很好的明暗过渡和衔接，画面会显得比较紧凑。

下图所示的照片是借助窗光拍摄的高脚玻璃杯和盘中的水果。可以看到，画面的影调层次非常理想。在拍摄时借助了一个纯黑的背景，最终得到了比较干净的画面效果。因为拍摄时使用的窗光并不算很亮，又是黑背景，所以设定低感光度和比较慢的快门速度，并借助三脚架才完成了这次拍摄。

怎样拍出商品倒影

拍摄一些商品时，如果要拍摄倒影，可以借助倒影与真实的对象形成虚实的对比，以及对称式的构图，让画面变得更有看点，层次更加丰富。要拍摄出倒影，往往需要使用玻璃底面或一些光滑的塑料底面。拍摄时相机尽量靠近桌面，这样拍摄出的倒影效果就会非常清晰，几乎无法分辨倒影与实际景物的差别。

在下图所示的照片中，借助光面的桌子，放低相机进行拍摄，将倒影拍摄得足够清晰，与实际对象形成虚实搭配，丰富了照片结构。

用黑布遮挡背景布两侧有什么好处

在影棚或柔光箱中拍摄一些小型的商品或物件时，如果选择黑背景拍摄，建议用黑布或黑色的纸板等遮挡一下黑背景两侧的入射光，这样可以避免两侧一些杂乱的光线照射到拍摄对象上产生杂乱的光斑，并可以避免乱光照射到背景上，导致背景泛灰。最终让拍摄的照片中的景物更加干净，光线更加纯粹。

如下图所示的照片中，拍摄时选择的是黑背景，在黑背景的两侧分别用黑色的绒布制作了两个遮光的挡板，挡住背景两侧一些杂乱的光线，拍摄出的商品光影结构非常干净纯粹。

侧光拍摄商品的优点

　　如果要强化画面中拍摄对象的立体感，布光时借助侧光，可以营造出非常丰富的光影层次，画面的立体感也会非常强。

　　下图所示的案例照片主要的照明灯在画面左侧向右照射之后，景物产生了明显的阴影，这种丰富的影调层次可以增强画面的立体感和空间感。

拍商品时如何使用辅助光

在拍摄商品的详情界面时，可能会借助多角度的光线将商品各个平面都非常好地表现出来，表现出更完整的细节和内容，对于影调层次没有太多的要求。当拍摄多种商品的组合时，可能还需要强调画面的立体感，这时就需要在布光时让光线存在光比，借助丰富的影调让画面显得更加立体。让光线存在光比的方法其实非常简单，如果是不可调功率的照明灯，在拍摄时可以让一盏灯距离近一些，另一盏灯距离远一些，这样会产生一定的明暗光比。也可以在相同距离下让一盏灯没有遮挡，另一盏灯借助白色的纸张或纱布等进行遮挡，这样也会让两个光源产生光比。还有一种办法是主光灯用聚光灯，辅光灯用柔光灯，这样也会让所拍摄的对象产生光比。

从右图中可以看到：右侧的灯为主灯，是一种聚光的效果，亮度非常高；左侧的辅助灯是一种柔光的效果，亮度要低一些，它所拍摄的对象就会存在明显的光比，但阴影又不会特别重。

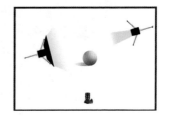

下图所示的案例照片拍摄的是日用品，可以看到，右后方的灯光明显更亮，而左侧的辅助灯功率要低一些，这种光比就会让画面产生一些比较明显但浅淡的影调变化，所拍摄的画面显得有立体感。

为什么说拍商品要有充足光线

如果光线不足，容易曝光不足；如果提高感光度，画质会变差。

拍摄一些静物或者商品时，一定要有充足的照明光亮，并且适当提高曝光值，最终可以得到曝光充足的画面，这样有助于在进行后期处理时得到更为细腻的画质和完整的细节。如果曝光值不够，后期提亮之后的画质可能不会特别理想。

如下图所示，第一张是拍摄的原始照片，可以看到，为了防止照片产生一些太硬的光斑，因此降低了曝光值，但是这就会导致画面整体偏暗。在后期进行了提亮，在原始尺寸下画质没有太大影响，但如果进行放大，就会发现局部产生了非常严重的噪点，效果不是特别理想，如下方第二张照片所示。因此，在拍摄的前期就要做好充足的准备，让画面的光线更明亮一些。另外，画面的曝光值也要调高一些。

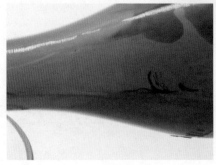

拍商品时如何避免表面产生"死白"的光斑

之前已经多次介绍过，拍摄静物或商品时，要注意尽量不要让商品的表面产生较大的、死白的光斑，这会让画面显得非常粗糙，不够细腻，拉低所拍摄商品或静物产品的档次。一般来说，要想避免在拍摄对象上形成死白的光斑，需要在光源之前加上柔光罩。通过柔光的作用打散光源，让光线显得非常柔和，这样就可以避免在所拍摄的商品等对象上产生明亮的光斑。

观察下图所示的案例照片，整体来看各部分非常均匀，并没有太过明显的瑕疵。但放大之后就可以看到，盒子的左上角边缘部分是有一定光斑产生的，这就是一种瑕疵。在网络上展示这种照片时，一旦有局部的放大图，就会将这种光斑显示出来，这会让商品的细节表现力大打折扣。所以，拍摄时，对于这种具有光滑平面的商品，一定要使用柔光灯进行拍摄。

用柔光箱拍摄商品的特点

　　拍摄商品并不一定必须借助专业的影棚。如果是一些小型的商品，为了节省成本，可以购买一些 60cm×60cm、80cm×80cm 或 120cm×120cm 的柔光箱进行拍摄。

　　柔光箱是一种顶部四周有 LED 灯的小箱子，箱子的各个内面都是反光性非常强的银色反光面，灯光照亮之后，借助反光可以营造出各个角度光照都非常均匀的画面效果，这在拍摄一些 360°无死角的产品外观时非常有效。将要拍摄的商品装入柔光箱，直接拍摄即可。

商品与背景的搭配技巧

　　一般情况下，在影棚内拍摄，应该多准备一些深色及浅色的背景布和背景纸，这样可以方便针对不同的拍摄对象来搭配背景。通常情况下，拍摄浅色的对象适合用深色的背景进行搭配；拍摄深色的商品则可以用浅色的对象来进行搭配。这样画面效果会更加协调，所拍摄对象的表现力会更好一些。

　　如下图所示，左侧照片中的化妆品包装是深红色的，选用了浅色的环境来进行衬托，化妆品的视觉效果会更好一些。当然，深色配浅色或浅色配深色并不是唯一的选择，用户也可以根据实际的设计需求和不同的创意来进行合理的搭配，如右侧照片所示。

吸收型产品的用光技巧

拍摄商品或静物，所拍摄对象表面的材质、纹理是决定补光思路的重要依据，因为我们所感受到的不同拍摄对象的质感是通过其表面对光的吸收、反射及透射的差别而实现的。

一般的静物及商品可分为吸收型产品、反射型产品、透射型产品和复合型产品。

吸光型产品中，棉布和毛料织品因原料和织法不同，有平细和毛糙之分，但都属于吸收型拍摄对象，在布光中不会出现高光耀斑，因此，布光重点为表面纹理和花色质感。

粗糙交织的面料主光可稍硬，直射布光，光位宜低，角度宜侧，在相机机位方向应加一个较柔的辅助光以减少反差。

反射型产品的用光技巧

反射型产品的表面光洁度高，它们都能将绝大部分甚至全部照射光反射回去。这类产品都能将周围的物体清晰或模糊地映照在表面上。

主光应软一些，但要显示方向性，光位要侧而且稍低，对暗部补光要软。如果在这种布光条件下，金属质感仍显不强，可使用一个弱的直射泛光灯来打出耀斑。

最理想的布光方式是在视点可见的拍摄对象的对面，用反光板或扩散屏的反射光面或散射光面来映照拍摄对象的明部。但要注意，反光板或扩散屏的面积应大于所反射映照的拍摄对象，否则，会在拍摄对象表面未被涵盖部分出现杂乱影像。

全反射类型产品的光洁度极高，多为镜面，产品主要有银器、不锈

钢器皿、电镀用品、镀银玻璃、极亮的抛光塑料等。拍摄这些产品的最佳办法是使用柔光箱、牛油纸大面积包围产品，光线要软、均匀，光源面积要大。

半反射型产品表面的光洁度不如全反射型产品高，如光滑的塑料、一定光洁度的金属、打蜡抛光的木器，都能模糊地映照物像。

无论是全反射还是半反射，在布光时都要防止周围物体和杂光映照出影像或出现难看的光斑。

透射型产品的用光技巧：暗线条

对透射型产品的质感表现主要有如下两个问题：一是要表现出产品的造型；二是要表现出晶莹剔透的质感。透明或磨砂的玻璃器皿或水晶制品，透明、半透明塑料制品都属于这类产品。

拍摄时，多以逆光、侧逆光为主光，体现通透质感。

对玻璃的质感布光时一般主光都较单纯，光的强、弱、软、硬决定拍摄对象的明暗反差、轮廓线的清晰、纹样的明暗交替、耀斑的显隐。

玻璃制品光滑的表面对周围环境十分敏感，因此，在拍摄时拍摄对象与环境一定要干净。摄影棚最好全部遮暗，任何漏光的缝隙都可能在玻璃体表面形成光斑或痕迹。

玻璃体在表现时，通常有暗线条、亮线条及本体 3 种表现。

暗线条表现的重要特征是将玻璃器皿的轮廓刻画为深暗的线条。这样布光的先决条件是将背景处理成明亮色调。布光时，拍摄对象与背景之间要留有足够的距离，另外，主光一般不作直接照明。

背景材质分为半透明和不透明两种。前者多从背景后面用柔和的散射光照向拍摄对象。后者多用直射光从前面先照向背景，再借助背景的反射光照射拍摄对象。

透射型产品的用光技巧：亮线条

　　玻璃体的亮线条表现，背景一定要比较暗，这样才能显出器皿明亮的线条。

　　在玻璃器皿的侧上方用柔光罩或其他扩散光照明拍摄对象，可造成玻璃器皿的两侧外轮廓及顶面出现明亮的线条。

　　也可在玻璃器皿的两侧后方放置白色反光板，然后用定向的直射光源，如标准罩加蜂巢导光罩照射反光板，利用反光板反射出的散射光照亮拍摄对象的两侧，形成明亮的线条。

　　亮线条表现一定要隔离各光源对背景的投入，否则，可能得不到深暗的背景色调。

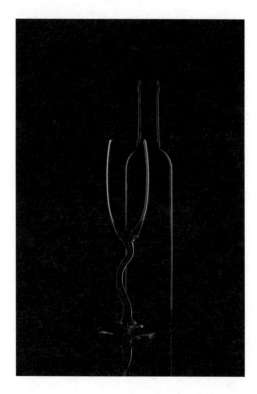

复合型产品的用光技巧

　　生活中，许多产品都是使用复合材料制成的，这就使拍摄对象可能会具有两种以上的质感。

　　通常，要求在一个完整的产品上准确而细致地表现出吸收、反射、透射的质感。这看似是非常麻烦的一个问题，但实际上解决办法却非常简单，只要在拍摄时以画面中大面积的质感为主，其他为辅即可。

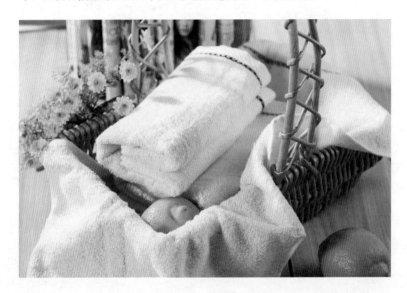

第 12 章
影调后期优化的
基本思路与创意

在拍摄前期，曝光的控制及现场的光照条件都会对照片的光影效果产生较大的影响。本章将介绍后期修片时，对于影调后期优化的一些基本思路供读者参考，之后介绍一些常见的影调后期创意，以提升照片的表现力或改变照片的影调效果。

高反差画面，追回细节层次

　　对于高反差场景，拍摄的照片往往会同时存在高光过曝和暗部曝光不足的问题。针对这种照片，在后期处理影调层次时，比较关键的一个环节是降低高光，提亮阴影，也就是压暗亮部，提亮暗部，从而追回高光与暗部更多的层次和细节，让画面的影调层次变得更丰富。

　　如原图所示，灯光照亮的很多区域是过曝的，无法清晰地显示出层次细节，而且建筑的背光面有些区域过黑，同样无法显示层次。因此，在后期处理时就要压暗高光，提亮暗部。最终让画面显示出更丰富的层次，再进行一些调色和全面的细节优化，最终可得到比较好的效果。

效果图

原图

低反差画面，提高反差强化通透度

如果照片灰雾度比较高，通透度不够，也就是反差比较弱，则照片给人的感觉就不够好。这种情况下，可以通过提高画面的对比度（反差）来强化画面的光感。很多时候只提高对比度是不够的，还要提亮亮部、压暗暗部，这样会进一步提升画面的反差，从而让画面的对比度上升，变得更通透。

另外，要注意，一旦大幅度提升了照片反差，画面可能会变得比较乱，因此，需要进行相关的辅助调整，如修饰局部产生的乱光、协调因为反差强化带来的色彩变乱的问题等，这样才能让画面整体得到更自然、真实的效果。

效果图

原图

正确处理和优化光影效果

　　很多场景的曝光值偏低或偏高，这时首先要调整曝光值，将照片恢复到正常的亮度。照片被恢复到正常亮度之后，画面可能就会出现高光过曝或暗部死黑的情况，特别是一些局部。这时就需要根据光线照射的方向来组织画面：光源位置亮度最高，然后沿着光线照射的方向进行调整，受光线照射的区域亮度适当高一些，背光的区域亮度压下来。按照这个原则去调整画面局部的明暗，最终就可以将画面整体的明暗效果调整到比较合理的程度。

　　由于我们是根据光线照射的方向来进行调整的，所以调出的画面效果符合自然规律，照片整体会给人比较自然和舒适的感觉。

将碎光连起来，让画面变干净

很多场景虽然受到太阳光线的直接照射，但是由于中间有一些遮挡物，最终导致拍摄的照片中光线较散、较乱，即光照区域毫无规律，那么最终照片给人的感觉就不够好。

针对这种情况，进行过基本的明暗层次优化（优化反差并呈现丰富的层次细节）之后，要通过一些局部工具将散乱的光线连起来，至少要展示出明显的光线照射路线。根据之前所讲的，以光源的照射方向为基础来组织画面，把这些碎光连接起来以后，画面就会变得有秩序，变得干净。

看下面这个案例。原图中有光线照射，但是光比较散，比较凌乱。而且画面整体的对比度偏低，显得灰蒙蒙的。经过后期调整，强化了画面的反差，画面整体变得更通透。将光照部分整体衔接了起来，画面左上方营

原图

造出了一种更明显和整齐的光照效果，最后就能得到比较理想的画面。

效果图

去掉干扰光，让画面变得干净、通透

本节要讲的场景比较简单。原图所示的画面雾蒙蒙的，不够通透。针对这种情况，按照之前所讲的方法提高反差，提亮亮部，压暗暗部。通过这种双重的调节，就可以让照片变得通透起来，具有一些明显的光感和立体感。

在这个案例中，优化画面的影调层次之后，会发现画面四周有一些比较明显的干扰区域，像左下角这棵树，它的亮度比较高，就会干扰画面

整体的协调性。针对这种情况，还需要借助一些修补工具或污点修复工具，将左下角这棵比较杂乱的树修掉，让画面整体变得干净协调，之后再进行一些简单的调色处理，就能得到比较好的效果。

借助局部工具强化光线效果

很多场景看起来非常漂亮、梦幻、唯美，但拍出来之后就会发现照片缺一点氛围感，不如眼睛直接看到的场景漂亮，这是因为相机对于场景的还原不够导致的。

针对这种情况，需要借助一些局部光工具来强化光线的照射效果，从而营造出更符合我们现实中眼睛看到的画面效果。

原图展示的就是在城市的一个过街天桥上拍摄的道路及一些比较有特色的建筑。可以看到，此时太阳已经将近落山，光线开始变得柔和，画面整体的色调开始有一些暖意。但拍摄出来的画面，温暖的氛围给人的感觉并不是特别强烈。因此，在后期处理时进行了光线的强化，最终强化出来的效果有一种魔幻的美感，光感非常强烈，画面整体的感染力也变得非常浓郁。

单独提亮主体，强化视觉中心

　　逆光拍摄一些场景，背光主体的正面就会出现明显曝光不足的问题，如果不是特意制作剪影的效果，那么针对这种情况，就需要对主体正面进行提亮。这种提亮需要借助局部调整工具来实现，如 ACR 中的画笔工具、径向渐变工具等；还可以借助 Photoshop 中的曲线＋蒙版＋画笔工具组合来提亮主体。无论通过哪种方式，适当提亮主体，都会让画面的表现力变得更好。唯一需要注意的是，因为是背光，所以，主体的提亮幅度不能过高，轻微和适当提亮就可以了。

　　如原图所示，照片整体灰蒙蒙的，因为它是一种逆光的环境，天空亮度比较高，但是作为主体的建筑亮度不够，呈现出一种近乎剪影的状态。

当然，画面中花束的色彩，以及建筑、水景等的色彩也比较黯淡。调整之后的画面如下图所示，可以看到，花树的色彩出来了，远处的树木、建筑等的色彩和影调细节也都呈现了出来，效果好了很多。

借助亮度蒙版让凌乱的画面变干净

景物的明暗关系，本质上是指光的方向与景物明暗的关系。光线照射到某个场景，受光线照射的部位亮度会非常高，背光的位置亮度低，而明暗结合的部分亮度一般。如果画面整体的光影分布符合这种光线照射的规律，那么画面给人的感觉就会更加干净。在摄影创作过程中，因为相机的算法问题，有一些暗部可能会被自动提亮，亮部会被相机自动压暗，这就会导致亮的区域不够亮，暗的区域又不够黑，这种为了追求细节而导致明暗关系发生变化的问题，最终就会导致画面显得杂乱。

在后期处理照片时，如果感觉画面有些杂乱，就应该从光线的方向与明暗关系这个角度来进行解决。首先找到光源位置，然后根据光线照射的方向对光线照射的位置进行提亮，而背光的部分进行压暗，经过对光线的明暗关系和方向进行梳理，最终画面就会显得干净起来。

原图

效果图

立体感的塑造

如原图所示，照片中的地景非常暗，损失了大量的细节和层次。

初步调整后，绝大多数人的调整效果可能像第二张照片一样，只是追回了细节，强化了质感。但如果仔细观察会发现，地景的明暗没有规律可言，显得比较乱，画面的立体感仍有所欠缺。

经过专业摄影师的调整，会发现作为重点对象的远处和中间的建筑明暗变得合理，显得比较立体，近处无足轻重的一些建筑整体亮度趋于相近，显得比较干净，这样画面整体的影调层次变得丰富且有规律，显得比较高级。

重塑画面影调

对于一些没有明显光线直射的场景，拍摄完成之后，可能会发现画面始终有比较散乱的感觉，不够高级。这是因为很多区域受到反光，以及自身明暗的影响，导致画面的明暗特别不匀。本身应该处于阴影面中的一些区域，可能有局部过亮，这会给人比较凌乱的感觉。针对这种情况，需要借助后期软件对局部进行提亮或压暗，让同类的区域具有更相近的明暗及色彩，最终画面整体会变得更干净，更具高级感。

像下面的案例，初步合成之后，会发现因为反光的原因，走廊、房顶和地面都产生了大量的反光，明暗特别不匀，这就是画面散乱而不高级的原因。

在后期处理时，应对这些区域进行压暗。背光的立柱阴影也因为反光的原因变得不够黑，所以要进行压暗。对于这些因为反光带来的明暗不合理的区域，要有针对性地提亮或压暗，最终就能得到比较好的效果。

制作受光面，营造立体感

在本案例中，整个场景都处于散射光环境，远处有乌云，有下雨的局部，画面没有明显的光感，这会导致整个画面影调层次不够丰富，不够立体。

如果仔细观察，可以发现图片左上角受到太阳光的影响，亮度是偏高的，因此，可以将这个位置塑造为画面的高光区域；对地面有重点景物的区域稍稍提亮，刻画出一般亮面；其他无光区域作为暗面；这样，照片的3 个面就有了，画面整体就会变得有光感，比较立体。可以看到调整之后的画面效果还是比较理想的。

原图

效果图

全方位重塑散射光环境下的画面影调

　　这个案例有一些难度，是在日出之前拍摄的一张雪景照片，画面整体非常平淡，没有任何光感。虽然有漂亮的雪景，但是层次和立体感都有所欠缺。

　　通过观察原始照片，发现树木的右侧有淡淡的阴影，可以对这种阴影进行强化，让阴影更明显一些。有了影子自然会引出光源和受光面，画面的光源（高光）一定是在左侧，对树木左上角稍稍提亮一些，制作光线的痕迹；树木的左侧就会变为受光面，因此，对树木的左侧进行提亮。

原图

　　制作效果时，整体比较柔和，但依然能让画面呈现出高光、受光面和阴影 3 个区域，画面整体的立体感就表现出来了，影调层次也变得丰富起来。

效果图

通过镜像营造唯美意境

　　本节的案例中，原始照片前景的水面明暗过于杂乱。比较简单的处理方案是对比较亮的反光进行压暗，对一些比较暗的倒影进行提亮，让水面明暗趋于相近，画面整体才会变得更干净。

　　对于这张照片来说，前景整体上有些空旷，并且表现力有所欠缺，因此，在后期处理时为画面制作了一个倒影，既遮挡了过于斑驳和杂乱的前景，又丰富了画面的层次，让画面整体显得比较有意思。

原图

效果图

制作时间切片效果

　　下面介绍如何用时间切片在一张照片中表现日夜转换的光影和色彩变化。

　　想要得到时间切片的效果，需要在拍摄时进行间隔的拍摄。例如，可以间隔 3 分钟或 5 分钟拍摄一张照片，当然这种拍摄是固定拍摄视角，太阳将近落山前后进行持续拍摄，拍摄的时间大约为半个小时，日落之前开始拍摄，5 分钟之后继续拍摄，整个日落过程前后持续可能有半小时左右，那么我们就分间隔 3 分钟或 5 分钟记录下来了不同的光线和色彩变化瞬间，最后通过时间切片的方法，将这些照片效果压缩到一张照片画面中，就呈现出了时间切片的光影变化和色彩变化。

　　下面的案例，由于拍摄的时间长度不够，只有 7 张照片，持续时间大约为 10 分钟，但是已经呈现出了这种时间切片的效果，可以看到照片从左至右有一种明暗和色彩的变化。

手动制作丁达尔光效

　　下面这个案例比较特殊，主要是滤镜的简单应用，但是它又比较实用，可以为一些比较特殊的光线进行强化或营造出一些比较特殊的光线——丁达尔光。丁达尔光又被称为"耶稣光"。

　　原图整体显得比较杂乱，添加丁达尔光之后，画面的视觉效果更好一些，画面也更加干净，更具视觉冲击力。虽然这种添加的效果还是不太自然，但是基本已经实现了整体的效果，读者在制作这种效果时可以做得更精细一些。

利用星光滤镜为画面添加星芒

　　下面介绍一个非常有意思的后期用光技巧，就是借助第三方滤镜，为画面中一些比较明显的光源添加星光效果。在摄影创作中，某些广角镜头能够拍摄出漂亮的星芒，这被很多喜欢光影效果或者特殊效果的爱好者所看重。借助第三方插件，也能制作出非常迷人的光影效果，让画面显得非常梦幻唯美。

　　先看原图，虽然我们已经制作了扭曲的星轨效果，但感觉有些呆板，不够灵动。后续通过使用"星芒滤镜"对比较明亮的位置添加星芒，可以看到制作好的画面中有颜色各异且数量非常多的星芒，让画面变得梦幻唯美。

原图

效果图

利用堆栈记录光线轨迹

在夜晚的城市中，借助长时间曝光，可以在夜晚拍摄出车辆行驶过的轨迹，即车灯的拉丝效果。如果是在漆黑的夜晚，这样拍摄是行不通的，因为整个环境漆黑一片，长时间曝光后，车灯轨迹严重过曝，而四周依然漆黑一片。要在这种漆黑的夜晚拍摄出车辆拉丝的效果，可以借助堆栈的方式来实现，即同样视角连续拍摄，最后堆栈出车轨的效果。

在天黑之前提前拍摄一两张照片，要确保地景有足够的曝光量，天空也是如此。在准备的素材中，可以看到第一张照片中的地景曝光是非常足的，当然天空稍稍有些过曝也没有关系，后续可以将天空去除掉。

准备好这些素材之后，经过后期制作就可以得到非常理想的效果。

用缩星法消除杂乱的星点

　　我们拍摄的星空中，往往会将明的、暗的星星完全曝光出来，显得天空的星点特别密集，导致我们要表现的银河等主体对象不是那么明显，画面会显得比较凌乱。经过缩星，可以将银河周边的一些亮星压暗甚至消除，使最终成片中的银河纹理特别清晰，这样银河就会特别突出，画面整体也比较干净。以上就是缩星的概念。具体操作时，在摄影后期软件中，要将周边一些不需要的星星选择出来，用最小值或蒙尘、划痕等滤镜将这颗星星抹掉，最终得到比较干净的画面效果。

用Nik Collection滤镜添加柔光，让画面更唯美

正常情况下，我们处理过的照片，整体的锐度往往是比较高的，这可能会导致画面不够柔和、干净。如果为制作好的照片添加柔光滤镜，可以柔化照片的高光和阴影，使整个画面看起来更加柔和、自然。柔光滤镜适用于多种拍摄场景，特别是人像、风景和静物等需要表现柔和、温暖感觉的拍摄。

看下面的案例。从原图中可以看到，整体的锐度是比较高的，但画面稍显杂乱。通过使用Nik Collection 中的柔光滤镜，可以让画面的光感更加强烈，并且让光源和暗部周边显得非常柔和，画面整体也会显得更加干净。

原图

效果图